타이타늄
: 신들의 금속

타이타늄
: 신들의 금속

기술 발전과 혁신 그리고 패권 경쟁의 드라마

안선주 지음

TITANIUM
THE METAL OF THE GODS

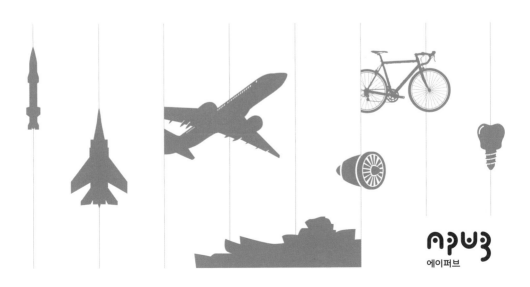

apub
에이퍼브

머리말

제게는 타이타늄이라는 명칭이 아주 오래전부터 익숙했습니다. 대학 때는 아버지가 하시는 일과는 전혀 다른 전공을 선택했고 유학을 가서는 에너지 정책을 전공하였지만 아버지께서 말씀해주시는 일에 대한 열정적인 대화 속에는 타이타늄이 늘 등장했기 때문입니다. 해외에서 나름대로의 커리어를 쌓고 귀국하여 가업에 종사하게 되었을 때도 타이타늄이 그다지 낯설지 않았던 것도, 이렇게 일상 속에서 타이타늄과 그 제품들에 대한 이야기를 자주 들어왔기 때문이 아닌가 생각합니다.

제가 타이타늄과 관련된 신사업을 맡으면서, 타이타늄은 단순한 개인적 관심사가 아닌 '업業'이 되어버렸습니다. 시간이 갈수록 제가 몸담고 있는 '업'에 대해 더 알아야겠다는 생각이 들어 공부를 하다 보니 하나의 책으로 정리하게 되었습니다. 이 책을 준비하는 동안 변함없는 애정과 지지를 보여준 가족들이 있어서 결실을 맺을 수 있었습니다. 또한 기술적인 부분에 대해 조언과 지원을 아끼지 않은 회사분들에게도 감사의 마음을 전하고 싶습니다.

제가 근무하고 있는 회사는 부친께서 1977년 창업하신 기업을 모태로 하고 있으며, 한국에서 처음으로 타이타늄의 상업적 생산을 시작한 회사입니다. 부친께서는 1980년대 한국의 화학산업이 태동하던 시대, 폴리에틸렌과 페트병의 원료가 되는 PTA 플랜트용 밸브의 국산화를 위해 노력하시던 중 타이타늄이라는 고급 금속에 대해 처음 접하게 되셨고 타이타늄 밸브의 국산화를 위해서는 타이타늄 원소재의 생산이 필수라는 생각에서 1990년대부터 타이타늄 생산을 위해 노력을 기울이셨다고 합니다. 한국이 밀레니엄의 시작을 앞두고 핵심 원천 기술을 선진 7개국 수준으로 끌어올리겠다는 야심찬 계획으로 추진한 1999년 G7프로젝트를 시작으로 국방부와 산업부 주관의 많은 정부 과제를 통해 기술을 축적하였습니다. 그 과정에 한국의 국방력 강화와 산업 경쟁력 확보를 위해 타이타늄 국산화의 중요성을 인식하신 분들의 지원이 있었습니다. 그리고 부친께서는 원자력 발전용 타이타늄 소재를 국산화시킨 공로를 인정받아 2015년 금탑산업훈장을 받으셨습니다. 일견 성공으로 가득해 보이는 길이었지만, 제가 이 책을 집필하면서 한국에서 타이타늄에 대한 수요 기업이 거의 전무하던 시절에 국산 소재에 대한 선입견과 기술적 난관을 극복하는 것이 얼마나 힘든 일이었을지를 간접적으로나마 절감하게 되었습니다.

따라서 저에게 이 책은 한국의 산업이 고도화될수록 타이타늄 같은 고급 소재가 반드시 필요할 것이라는 믿음으로, 30여 년 넘게 타이타늄 생산과 기술 개발에 매진하신 저의 부친께 드리는 감사와 존경의 표현입니다.

이 책의 논조와 의견은 필자 개인의 생각이며 필자가 근무하는 회사와는 아무 관련이 없음을 밝힙니다.

2022년 3월

저자 씀

추천사 1

저자인 (주)KPCM의 안선주 이사가 추천사를 부탁하면서 보내온 원고를 읽으며 두 가지 기억을 새롭게 떠올려본다. 부친인 안장홍 회장의 평생 집념이 이루어낸 타이타늄과 초내열합금 국산화 성공 스토리와 추천자 본인의 타이타늄과의 인연이다. 후자부터 거슬러 가본다. 간략히 소개해본다.

1970년대 중반 미국 피츠버그Pittsburgh에 있는 카네기멜론대학Carnegie Mellon University의 금속재료과로부터 펠로우십을 받고 대학원에 입학을 하였는데, 학과에서는 시간을 갖고 지도교수를 정하고 학위를 위한 연구를 하도록 배려해주었다. 1년 정도의 시간이 경과할 무렵 지도교수를 정하려고 수소문하였는데, 많은 사람들이 제임스 C. 윌리엄James C. Williams 교수님을 추천하는 것이었다. 전공 분야보다는 교수님의 인품과 실력이 우선하였던 것이다. 문제는 이 교수님의 전공이 본인에게는 너무나 생소한 타이타늄이었다. 유학을 오기 전에 ROTC 장교로 국방과학연구소에 파견되어 방산용 특수강과 알미늄에만 익숙하였기에, 타이타늄을 공부하고 돌아가면 한국에서 무슨 쓸모가 있을 것인지 걱정이 앞섰다. 그래도 인품과 실력이 중요하고 안정적인 학위 취득이 우선이라는 생각에 지도교수로 정하고 교수님이 미 공군으로부터 지원받는 타이타늄 합금의 연구로 학위를 받았다. 미공군재료연구소에서 항공기 엔진용 초내열합금을 연구한 후 귀국해서는 타이타늄에 비해 시장이 크고 경제성이 큰 초내열합금의 항공기 엔진용 터빈 블레이드 개발로 연구 방향을 잡고, 항공기용 소재의 국산화 개발 연구의 대형 연구 사업을 추진하였다. 국내에는 산업 기반이 전혀 없기에 선진국 같은 신소재 연구가 아닌, 항공기용 소재의 제조 공정을 개발하여 국내에서 생산토록 하는 것이 목적이었다. 잉고트 제조나 판재 같은 대형 시설과 자본이 필요한 분야는 엄두도 못 내고, 주조, 정밀 주조, 단조 같은 부품 위주의 중소기업을 육성하고자 항공기소재부품협의회를 조직하였다. 주조나 정밀주조의 개발 의지를 갖는 기업은 복수 이상이었는데, 단조공정은 항공기 엔진의 70~80%를 차지하는 부품 제조의 핵심 공정이지만 의지를 갖는 기업이 없었다. 1980년대 후반의 상황이었는데, 너무 일찍 추진한 결과로 산업화로 성공하지는 못하였다.

이런 와중에 항공기소재부품협의회와는 무관한 대구의 KPC라는 중소기업이 타이타늄과 초내열합금을 용해할 수 있는 Vacuum Arc Remelting VAR(진공아크재 용해) 중고 설비 3대를 공장에 설치하였다는 소식을 듣고 호기심 속에 현장을 방문하였다. 용해부터 단조, 가공까지 수직적인 공정을 모두 개발하겠다는 사장님의 설명을 들었지만, 작업 중에 자칫 폭발할 수도 있는 고철에 가까운 중고 설비로 무엇을 할 수 있을지 의구심을 갖고 돌아왔다. 그러나 이것은 기우에 지나지 않았고, 35년 전에 품었던 목표가 실현되고 있음을 우연히 알게 되었다.

2017년 가을, 오랜만에 '서울 국제 항공우주 및 방위산업 전시회'를 관람하기 위해 성남비행장을 찾았을 때 (주)KPC에서 분리한 (주)KPCM의 전시관을 보고 30여 년 전 가졌던 꿈이 이루어져 있음을 확인하게 되었다. 타이타늄과 초내열합금의 용해에서 시작하여 (정밀)단조, 가공을 통한 부품과 특수 밸브 완제품까지의 일관 공정을 소화하고 상당한 매출에 수출까지 하고 있음을 확인하고 깊은 감회에 젖었다. 선진국의 경우에도 전쟁의 승리를 위한 정부의 강력한 지원하에 관련 기업들이 태동하고 성장하였는데, 개인의 집념과 기술로 이룬 기적에 놀라움과 함께 정부가 보호

및 특별 지원을 해야 한다는 소명 의식이 뒤따랐다. 국가가 할 일을 개인이 이루었지만, 결국은 국가의 커다란 자산이기 때문이다.

추천의 글 이전에 장황한 옛 이야기를 소개한 이유는, 이 책의 저자가 집념의 (주)KPCM 안장홍 대표의 딸이며, 회사의 이사직을 수행하면서 겪은 다양한 어려움과 경험이 본 도서를 집필하게 된 동기이기 때문이다. 저자는 본래 서양사를 전공한 인문학도로서 국방부 등 정부와 외국을 상대하면서 전통적인 전문가들과 다른 길과 생각을 하게 되었고, 전쟁을 통한 기술의 발전사와 정부의 역할에 큰 관심을 가질 수밖에 없었다고 생각한다. 저자의 출간을 통해 전달하려는 의도가 추천자도 겪었던 경험 및 철학과 상당히 비슷하기에 추천사의 요청을 즉시 받아들일 수 있었다. 책의 상당 부분을 쉬지 않고 흥미 있게 읽은 것이 이를 보여준다.

통상적으로 타이타늄에 관한 책을 쓰려면 원소의 주기율표부터 시작하여 타이타늄의 특성, 합금 원소의 영향, 공정과 열처리에 따른 기계적 특성 변화, 관련 산업과 시장 및 선진국의 동향 등으로 이어갈 것이지만, 이 책은 전혀 다른 방향으로 접근하고 있다. 타이타늄의 발전에 미치는 역사적인 사건, 특히 승전을 위한 성능이 보다 우수한 항공기의 개발을 위한 소재 및 부품의 공급과 정부의 역할에 많은 지면을 할애하고 있다. 결국은 전쟁의 승리를 위한 정부의 강력한 지원에 의한 항공기, 잠수함 등의 핵심 소재의 기술 개발과 종전 후 기업의 중화학 산업, 스포츠 용품, 의료기기 등의 후속적인 민수 산업에의 응용과 혁신이 어우러져 현재의 산업과 시장이 잉태되었음을 역사적 고찰에 의해 보여주려는 것이 저자의 의도이다. 제조업에 몸담아 기술을 소화하고 이해하는 저자가 본인의 인문학적 바탕에서 새로운 시각에서의 저술을 시도한 점이 이 책의 특징이고 추천사를 즉시 승낙하게 된 배경이다.

재료공학을 포함하여 이공계 전공자들이 접하는 대부분의 교과 과정은 과학과 기술의 전문성에 국한하여 기술의 태동, 발전 과정, 의미, 응용 등을 배제하고 있다. 인문학을 포함하여 교양과목도 가르치지만 이공계 전공과의 연계가 되지 않고 단순 소개에 머무르며 융합적인 시각을 갖게 하지 못한다. 결국은 이공계 지식과 인문학적 소양이 접목 혹은 융합이 되지 못하고 따로 노는 것이며, 이는 양쪽을 이해하는 융합적인 시각의 교육자가 매우 드물기 때문이기도 하다. 이런 면에서 융합적인 전문가에 더욱 다가가는 저자이기를 기대해보며, 10, 20년 후에 저자가 어떻게 발전해 있을지 궁금하다. 기업에 몸담고 있지만 본인 특유의 전문성 계발에 더욱 노력해주었으면 한다. 이러한 시각은 기업에도 도움이 될 것이며, 국가의 정책 수립에도 크게 기여할 것으로 판단된다.

이 책은 단순히 타이타늄을 공부하는 전공자를 넘어 국방, 산업, 과학기술, 외교 분야의 전문 관료나 공학, 기술 및 산업 정책, 경영, 통상, 안보, 역사 등의 대학원 과정에서 넓게 읽히기를 기대한다. 특정 소재의 단순한 지식보다는 타이타늄을 예로 들어 정치, 군사, 분쟁, 산업 등의 측면에서 전략적인 소재의 발달 과정을 접하며, 다른 소재나 기술에도 적용하였으면 한다. 초내열합금이나, 제트엔진을 포함한 항공기 재료 등을 대상으로 후속 저술이 이어지고, 근래 일본에서의 반도체 소재 수출 금지로 야기된 국가적인 주요 정책인 소부장(소재, 부품, 장비)의 지속적인 활성화에도 크게 기여되기를 소망한다.

(전) 한국기계연구원 재료연구소 소장

(현) 서울대학교 재료공학부 산학협력교수

김 학 민

티타늄인가 타이타늄인가?

대부분의 사람들은 이 책의 주제인 'titanium'을 어떻게 불러야 좋을지 고민할 것이다. 나 또한 한국화학회에서 이 금속의 공식 이름을 '타이타늄'으로 정했다는 사실을 이 책을 통해 처음 알았다. 이 책의 원고를 처음 접하고 받은 인상은 타이타늄의 사례가 보여주듯 우리가 미처 인식하지 못하는 사이에 놀라운 변화들이 일어나고 있다는 것이다. 보통 사람들에게는 이름조차 익숙하지 않은 타이타늄은 현대 사회의 여러 분야에서 이미 핵심적인 위치를 차지하고 있으며, 분명 앞으로 더 큰 중요성을 띠게 될 것이다. 지난 역사를 돌아보면 언제나 한 시대를 풍미한 중요한 물질들이 존재했다. 중세의 후추와 향신료, 근대의 면화와 설탕 그리고 산업화 이후 시대의 석탄, 석유, 고무 같은 물질이 그런 사례들이다. 이 물질들을 보면 처음에는 소수의 사람들만 인지하고 있다가 곧 폭발적으로 수요가 늘고 산업 내 대체 불가능한 지위를 차지하게 되며, 결국 사회·경제 구조 속에 완벽하게 자리 잡아 간다. 후대의 역사가들이 타이타늄을 그런 핵심 물질의 계보에 넣을 가능성이 커 보인다.

이 책의 저자인 안선주 이사는 내가 가장 아끼는 제자 중 한 명이다. 이제는 상당히 오래전 일이지만, 대학교를 다니던 당시 안선주 이사는 공부를 매우 잘할 뿐 아니라 활기 넘치고 학생들 사이에 인기도 좋은 여학생이었다. 대학교 졸업 후에도 이러저러한 인연으로 자주 만난 편이지만, 아직도 내 머리에 남아 있는 안선주 이사의 이미지는 긴 생머리를 휘날리며 박력 있게 캠퍼스를 휘젓고 다니는 대학교 1학년 어린 학생의 모습이다. 그러던 학생이 이제는 우리 국가와 사회가 필요로 하는 핵심 물질을 생산·공급하는 기업을 운영하는 경영자가 되었다. 그러다가 타이타늄 산업 전반을 소개하는 책의 저자로 다시 만나게 되니 실로 감개무량하다. 안선주 이사는 이제 역사를 공부하는 학생이 아니라 역사를 만들어가는 기업인이 되었다.

대학교 때 전공이 역사학이어서 그럴까, 이 책은 현대 사회와 경제의 핵심 물질을 연구 주제로 삼으면서도 역사적 접근을 취한다. 타이타늄은 18세기에 처음 개발된 금속이니 철이나 구리 같은 고전적인 금속에 비하면 아직 창창한 나이의 전도유망한 물질이다. 타이타늄의 출생부터 시작하여 그 동안 어떤 연구들이 이루어졌고, 어떤 분야에서 사용되기 시작했는가, 그리하여 어떻게 주요 산업으로 자리 잡아 갔는가를 추적한다. 특기할 점은 20세기 중후반부터 항공과 우주, 방위 산업에서 수요가 급증한 결과 국가의 지원과 통제가 강화되었다는 사실이다. 오늘날 다시 새로운 단계로 들어가 폭발적 성장을 앞둔 시점에 와 있다. 이 책에서 잘 설명하듯, 타이타늄은 중량 대비 가장 높은 강도를 지니고 염분에 강하여 바닷물에 부식되지 않는다. 그 때문에 항공기, 미사일, 잠수함부터 원자력 발전소 가스 터빈 등 현대 사회의 가장 '핫한' 부문에 사용하게 되었다. 게다가 물성이 인체 친화적이라 생체 반응을 일으키지 않는다는 점도 강점이다. 인공관절 같은 의료 분야에도 사용되고, 더 일반적으로는 자전거와 캠핑용품같이 일상생활에서 접할 수 있는 물품으로도 사용 범위가 확대되는 중이다. 앞으로 훨씬 더 다양한 부문에 타이타늄이 사용될 것이 분명하다. 이토록 중요한 소재 물질에 대해 많은 사람들은 거의 아무것도 모르고 있거나, 혹은 반대로 너무 신화화하여 마치 하늘에서 떨어진 신비의 물질처럼 생각하기도 한다. 이 책이 가진 장점이 바로 그런 인식의 간극을 훌륭하게 메꿔준다는 것이다.

저자는 아마도 우리나라에서 타이타늄을 이론적으로나 실제적으로나 가장 잘 알고 설명할 수 있는 위치에 있다. 하나의 중요한 현상을 온전하게 이해하려 할 때, 단순히 지난 과거 기록을 모은다고 되는 것도 아니고, 현재 산업 동향 관련 자료들을 기계적으로 제시한다고 되는 것도 아니다. 이 책은 지난 시대에 많은 선각자들의 고된 노력과 시행착오를 거쳐 기술이 개발되는 과정을 소개하고, 관련 산업이 발전하여 성장하는 측면을 제시하는 동시에, 미국, 일본, 중국, 러시아 같은 강대국들이 어떤 식으로 이 산업을 장려하고 보호하려 하는가 하는 큰 그림을 보여준다. 공학적 설명과 경제·경영의 설명, 더 나아가서 국제경제·국제정치적 설명이 잘 어우러져 있다. 타이타늄이라는 한 물질을 잘 이해하기 위해서는 이처럼 세계사적인 큰 흐름을 짚어야 한다. 반대로 보면 타이타늄이라는 핵심 물질을 통해 현대 세계사가 어떻게 진행되어 가는지 파악하는 데 소중한 실마리를 얻을 수도 있다. 그와 같은 종합적이고 총체적인 시각에서 서술한 이 책은 기술사이고 경제사이면서 동시에 일반 세계사에 열려 있다.

이 책은 우리 사회에 매우 중요한 공헌을 하리라 기대한다. 타이타늄 관련 분야에 종사하는 엔지니어나 경영인뿐 아니라 세계 경제의 큰 흐름을 짚어보고자 하는 일반 독자들 또한 이 책을 통해 섬세하면서도 넓은 시각을 얻기를 희망해본다.

서울대학교 서양사학과 교수

주 경 철

프롤로그

  20세기 역사를 통틀어 세계 경제와 지정학에 가장 큰 영향을 끼친 재화를 꼽으라고 한다면 단연코 석유가 될 것이다. 1892년 자동차가 발명되면서 수송 연료로 사용되기 시작한 석유는, 1910년대 윈스턴 처칠이 해군 함정의 동력원으로 석탄에서 석유로 대체한 것은 19세기 석탄 문명에서 20세기 석유 문명으로 넘어가는 상징적인 사건이 되었다. 이후 제2차 세계대전 당시 히틀러가 무리인 것을 알면서도 러시아를 침공할 수밖에 없었던 이유는 영국 함대에 의해 극동에서 들여오던 원유의 보급로가 끊기면서, 러시아의 캅카스Kavkaz산맥에 위치한 유전을 확보해야만 했기 때문이다. 이는 하나의 재화가 국가 간 전쟁에 얼마만큼의 영향을 끼치는지에 대한 좋은 사례라 하겠다.

  석유 시장은 1970년대 중동지역의 민족주의 운동으로 인해 이란 왕정이 붕괴하고 이후 자원민족주의의 시초라 할 수 있는 석유수출국기구 Organization of Petroleum Exporting Countries(OPEC)가 등장하면서 다시 한번 풍파를 겪게 된다. 1970년대 초 원유를 수입하던 강대국에게 오일 쇼크는 석유의 전략적 중요성을 다시 한번 각인시키게 되며, 석유를 단순히 시장에서 가격과 거래가 결정되는 상품commodity이 아닌 국가가 관리하고 국제적 규범에 의해 필요하다면 시장에 간섭해야 할 당위성을 지닌 국익 national interest의 대상이자 국제 규범에 의해 공동으로 관리해야 할 국제협력의 대상이 되었다. 1974년 헨리 키신저의 주도하에 설립된 국제에너지 기구International Energy Agency(IEA)는 OPEC에 대항하기 위한 것으로, 당시 전 세계 원유 수요의 대부분을 차지했던 서방국들과 일본이 회원국으로 참여하였다. OPEC이건 자연 재해이건 전쟁이건 간에 어떠한 이유로 원유의 공급에 차질이 발생할 때 공급의 안정적인 확보를 위해 전략비축유 strategic petroleum reserve를 준비하고 이를 실제로 집행할 수 있는 권한을 가진다. 이때 비로소 에너지 안보energy security를 위한 국제적인 규범이 구체화되고 확립된 것이다. 이를 주도한 미국, 영국, 일본과 같은 선진국들은 전략 재화를 관리하기 위한 국내외의 규범과 제도를 형성하고 실행시키는 경험을 쌓게 되었다.

이렇듯 복잡하기만한 에너지 시장을 이해하기 위해 전 세계 에너지 전문가들, 특히 석유와 천연가스 같은 화석연료를 다루는 전문가들이 바이블처럼 여기는 책이 있다. 미국 에너지 업계의 대부라 불리는 다니엘 예르긴Yergin, Daniel이 쓴 『The Prize』이다. 1992년 퓰리처상을 수상하며 미국 PBS의 다큐멘터리로도 제작된 이 책은 1850년에서 1990년에까지 전 세계 석유 산업의 흥망성쇠를 다루고 있다. 특히 1901년 텍사스 Spindletop에서 대형 유전의 발견에서부터 시작된 미국 석유 산업의 탄생과 성장, 불황과 끊임없는 기술 개발, 석유를 둘러싼 국제 정치로 인한 숨 막히는 드라마 등을 자세하고 실감나게 묘사하였다. 이 책에 담겨 있는 내용은 산유국도 아니며, 국제 에너지 안보의 룰 세터rule setter도 아닌 한국으로서는 도저히 알 수 없는 지난 100년간의 세계 석유 산업의 정치·경제가 고스란히 담겨 있다. 그것은 어떻게 보면 서울대 이정동 교수가 편찬한 『축적의 시간』에서 언급한, 선진국들이 '시행착오를 거치며 시간을 들여 경험과 지식을 축적하고, 숙성시킬 때 비로소 확보되는 역량들에 대한 일차적인 기록인 셈이다.

범지구적 필수 재화인 석유 이외에도 우리는 미래 산업과 관련된 다양한 소재들을 둘러싼 분쟁이 점차 증가하는 것을 목격하고 있다. 반도체, 디스플레이, 항공, 전기 자동차 등과 같이 기술 집약적인 산업에서 필요로 하는 소재들은 고강도 경량성이나 고내식성을 가진 타이타늄,* 니켈, 알루미늄과 같은 특수금속specialty metals에서부터 리튬, 코발트, 인듐, 몰리브덴과 같은 희유금속rare metal까지 아우른다. 석유의 경우 그 중요성으로 인해 오랜 기간에 걸쳐 수요와 공급에 대한 국제적인 규범이 형성되어 온 반면, 특수금속과 희유금속의 경우에는 그러한 국제적 합의가 형성되기도 전에 생산과 공급을 확보하거나 독점하려는 치열한 국제 경쟁에 돌입한 것이다.

한국의 산업화는 철강을 중심으로 한 자동차, 조선, 건설 등의 중후장대한 산업들을 중심으로 이루어져왔으며, 한국 소재 산업의 기반도 포스코와 같은 철강 업체를 위주로 형성되었다. 철강은 대량생산과 벌크로 움직이는 대표적인 시장으로, 용도에 따라 수출 규제를 받으며 상당한 생산 기술을 필요로 하는 특수금속 시장과는 구별된다. 시장 규모는 비교적 작으면서도 특수 목적을 지닌 소재들의 산업을 성공적으로 육성시키고 전략적으로 관리하는 경험이 우리에게는 아직 부족하다.

이 책에서는 '우주항공 소재aerospace metal'의 대명사로 불리는 타이타늄을 특수금속의 대표적인 사례로 삼아 우리에게 필요한 전략 소재 산업에 어떻게 접근해야 하는지를 살펴보고자 한다. 타이타늄은 한국에서 지난 10여 년 동안 미래의 신소재로 불리며 많은 관심을 받았음에도 불구하고 아직도 학계나 일부 관련 산업계를 제외하면 잘 알려지지 않은 금속이다. 앞으로 우주로켓, 도심항공 모빌리티Urban Air Mobility(UAM), 의료 등 다

---

* 티타늄은 titanium의 일본식 발음이며, 대한화학회에서 권장하는 명칭은 타이타늄이다.

양한 산업에서 그 수요가 점차 증가할 것으로 예상되지만 그럼에도 불구하고 대중에게 잘 알려지지 않고 '신화화'된 금속이기도 하다. 무엇보다도 타이타늄에 대한 일반적인 접근 방식은 기술 개발과 생산의 국산화에 맞춰져 왔다. 하지만 타이타늄을 금속이 아닌 하나의 산업으로 이해하고 접근하지 않는다면 이러한 기술 개발은 그저 하나의 R&D 프로젝트로만 남을 뿐이다.

오늘날 타이타늄 산업에서 주요 생산국이자 소비국인 미국, 일본, 중국, 러시아는 현재의 주요 군사 강대국과 정확히 일치한다. 이들 4대 타이타늄 강국들에게 냉전시대 타이타늄은 군사력의 강화를 위한 경쟁의 대상이며 혁신의 상징이었다. 특히 미국은 타이타늄을 우주항공 및 방위 산업에서 필수적으로 사용되는 전략적 재화로 다루며 타이타늄의 생산과 사용, 수출을 까다롭게 규제해왔다. 그럼에도 불구하고 이들이 반세기가 넘는 시간 동안 어떻게 타이타늄 산업을 발전시키고 지원하며 보호해왔는지에 대해 우리는 무지하고 무관심하다.

그렇다면 우리가 타이타늄과 같은 전략 소재 산업을 지원하고 발전시켜야 하는가에 대한 물음에 대한 답은 다른 타이타늄 강국들의 성장사에서 찾아야 할 것이다. 세계 석유 시장과 그 정치학에 대해 『The Prize』에서 다루었던 것처럼, 타이타늄에 관련된 기업과 인물, 국가의 정책에 대한 조사와 이해가 먼저이어야 할 것이라는 생각에서 이 책을 시작하게 되었다. 다행히 18세기 후반에 처음 발견된 타이타늄에 대해서는 많은 자료가 남아 있다. 최초의 발견에서, 정부의 전략적인 육성 정책을 통해 최초의 상업적 생산이 이루어지고, 산업이 탄생하고 성장한 그 과정 속에 수많은 시행착오와 좌절이 있었으며 누군가의 헌신이, 어떤 이의 과감한 투자가, 국가 간의 치열한 경쟁이 존재하였다. 여러 번의 불황 사이에 몇 번의 짧은 호황이 있었으며 그로 인해 많은 기업이 탄생하고 사라졌다.

생산 기술의 한계를 뛰어넘고자 하는 이들에 의해 타이타늄은 항공우주 산업에서 인류가 이룩한 몇 가지 진취적인 성과에서 중심적인 역할을 하였고 타이타늄의 용도 역시 최초 수요 산업이었던 방위 산업의 경계를 넘어 확장을 거듭하였다.

이 책은 타이타늄을 금속으로만 접근해서는 보이지 않는, 그 성장의 역사 속에서 타이타늄을 통해 서로 다른 혁신과 변화를 꿈꿨던 기업가, 엔지니어, 정책 입안자, 연구자들의 기록을 하나의 스토리로 묶어보려는 소박한 시도이다. 또한 국가 간, 기업 간의 치열한 경쟁이 존재하는 시장 구조에 대한 분석을 통해 우주 진출과 군사 패권을 향한 경쟁이 더욱 본격화될 앞으로의 경쟁 양상에 대한 전망도 제시하려고 한다. 어떤 부분은 산업사적인 접근이, 어떤 부분은 경제연구소의 시장보고서와 같은 시각이, 또한 어떤 부분은 국제정치학적인 분석이 두드러질 수 있지만, 이 모두가 타이타늄이라는 금속이 결국은 시대적 필요에 의해 탄생한 산물이며, 하나의 산업이 성공하기 위해 요구되는 다각적인 통찰을 제시하려는 의도임을 밝힌다. 만약 이 책이 미약하나마 앞으로의 한국의 타이타늄 산업이 해외 선진국을 벤치마킹하기 위해 어떤 접근 방식을 택할 것인지, 궁극적으로 한 국가의 산업적 역량을 키우기 위해 필요한 것이 무엇인가에 대한 시사점을 제시하는 데 기여할 수 있다면 큰 보람일 것이다.

언어적인 제한으로 인해 이 책의 많은 부분은 미국의 타이타늄 산업과 정부 정책을 다루는 데 할애되었다. 하지만 세계 최대 타이타늄 소비국인 미국의 위상을 고려하면 이러한 한계가 세계 타이타늄 시장의 전체를 이해하는 데 크게 부족하지는 않으리라 생각한다. 서술상 부족한 내용은 모두 저자의 역량 부족에서 오는 미숙함에서 비롯된 것이니 넓은 아량으로 혜량해주시길 부탁드린다.

차 례

제4장
타이타늄과 단조 그리고 초대형 프레스들
: 항공 산업의 숨은 주역

제5장
타이타늄 시장

THE METAL OF THE GODS

제6장
보호와 규제: The Rules of Game

제7장
타이타늄: 혁신을 위한 소재

신들의 금속, 타이타늄

신들의 금속, 타이타늄

Titanium's strength, versatility and usefulness makes it truly worthy of
being called "the metal of the gods".[1]

타이타늄의 강도, 다용도성과 유용성은
진정 신들의 금속이라 불릴 가치가 있다.

최초의 발견 그리고 타이타늄의 역사

타이타늄은 1791년 영국의 성직자이자 아마추어 지질학자인 윌리엄
그레고르William Gregor에 의해 최초로 발견되었다. 그는 하천의 검은 모래
에서 이 새로운 금속 원소를 발견하고 자신의 거주지인 마나칸Manaccan의
이름을 따 '메나카이트Manaccanite'라고 명명하였다. 이후 타이타늄은 1795
년 독일의 화학자인 마르틴 클라프로트Martin Klaproth에 의해 금홍석rutile에
서 재발견되었다. 우라늄 원소의 발견자이기도 한 그는, 이 원소를 그리
스 신화의 타이탄Titan 신족들의 이름을 가져와 '타이타늄titanium'이라고 명
명하였다. 타이타늄의 강하고 가벼운 특성을 반영하여 이렇게 명명했으
리라는 오늘날의 일반적인 예상과는 달리 당시에는 타이타늄의 잠재적인

특성은 아직 드러나지 않은 상태였다. 오히려 그는 새로운 물질의 중립성을 강조하기 위해 이렇게 명명했다고 밝히고 있다. 즉, 새로운 원소에 눈에 띄는 특성이 나타나지 않으므로 어떠한 선입견을 가져올 수 있는 이름 대신 지구의 첫 번째 자식들인 타이탄 신족들의 이름을 따 '타이타늄'이라고 명명한 것이다.

> 내가 현재 처한 상황은 새로운 화석의 고유하고 특유의 성질을 위한 이름을 찾을 수 없는 것이며, 나는 그 자체로 어떤 의미도 지니지 않는 종류를 선택하는 것이 최선이라고 생각한다. 그렇게 한다면 Lavoisier가 제안한 대로 어떠한 잘못된 인식도 불러일으키지 않을 것이기 때문이다. 따라서 내가 우라늄을 명명하였던 것처럼, 이 금속 물질의 이름을 신화, 특히 대지의 첫 번째 자식들인 타이탄들에게서 빌려와야 할 것이다. 그러므로 나는 이 새로운 금속을 타이타늄이라고 부른다.
>
> Whenever no name can be found for a new fossil which indicates its peculiar and characteristic properties (in which situation I find myself at present) I think it best to choose such a denomination as means nothing of itself, and thus can give no rise to any erroneous ideas. (as Lavoisier had suggested) In consequence of this, as I did in the case of Uranium, I shall borrow the name for this metallic substance from mythology, and in particular from the Titans, the first sons of the earth. I therefore call this new metallic genus Titanium.[2]

1797년 클라프로트는 우연히 그레고르의 발견에 대해 알게 되고 자신이 발견한 타이타늄과 메나카이트가 동일한 원소임을 알게 된다. 그레고르는 최초 발견자의 영예를 얻게 되지만 이 새로운 원소의 이름은 타이타늄으로 남게 되었으며 원소 번호 22번을 부여받았다.

타이타늄은 발견 후 한 세기가 지나는 오랜 기간 동안 그저 새로운 과학적 원소 이상의 의미를 가지지 못했는데, 그 이유는 순도 높은 타이타늄을 정제해내기가 어려웠기 때문이다. 1887년에 이르러서야 랄스 닐손Lars Nilson과 오토 페테르손Otto Pettersson은 나트륨을 이용하여 95%의 순도를 지닌 타이타늄을 정제해내는 것에 성공하였고, 1896년 앙리 모이상Henry Moissan은 전자로를 이용하여 98% 순도의 타이타늄을 생산해냈다. 하지만 이 프로세스는 타이타늄이 산소, 질소, 탄소와의 높은 반응성으로 인해 많은 불순물을 함유하고 있었고, 그 결과물은 부스러지기 매우 쉬운 형태로는 특정 형상을 지닌 제품으로는 성형할 수 없는 것이었다.

타이타늄의 정제가 실로 전환기를 맞게 된 것은 1910년 매튜 헌터Matthew Hunter가 General ElectricGE과의 협업을 통해 99.9%의 순도를 달성하면서 시작되었다. 헌터 프로세스Hunter Process라 명명된 이 방식은 사염화타이타늄titanium tetrachloride 혹은 TiCl4을 압력 용기 안에서 나트륨과 함께 가열하는 것이다.

타이타늄의 대량 정제는 1932년 독일의 과학자 윌리엄 크롤William Kroll이 사염화타이타늄을 칼슘과 함께 가열하는 크롤 프로세스Kroll Process를 발명해내면서 가능해졌고 크롤은 이후 공정비를 줄이기 위해 환원재인 칼슘을 마그네슘으로 대체하였다. 1889년 룩셈부르크에서 출생한 크롤은 베를린에서 금속학을 전공하였다. 그는 금속 제련에 있어 뛰어난 능력을 갖고 있었는데, 미량의 금속 원소를 첨가하고 열처리를 통해 이 원소들이 석출화precipitation hardening되어 스테인리스의 강도를 증가시키는 방법을 발명하였다. 크롤이 발명한 석출화 공정을 사용한 사례 중 가장 보편적으로 사용되는 재질이 17-4 PH 스테인리스 등의 소재가 있으며, 이는 고속 회전체 터보팬이나 고반발 골프 아이언 헤드 등에서 찾아볼 수 있다.

타이타늄에 관심을 가지게 된 크롤은 1932년에서 1938년까지 6년 동안 크롤 프로세스를 통해 약 20kg의 바스라지지 않고 성형 가능한ductile 타이타늄을 생산해냈다. 1938년 미국을 방문한 크롤은 타이타늄 샘플을 갖고 여러 회사를 방문했지만 그 당시에는 큰 관심을 받지 못하고 다시 유럽으로 돌아가야 했다. 다만 그가 미국을 방문 중이던 이때, 그는 자신의 타이타늄 생산 방법에 대한 특허를 출원하였다.

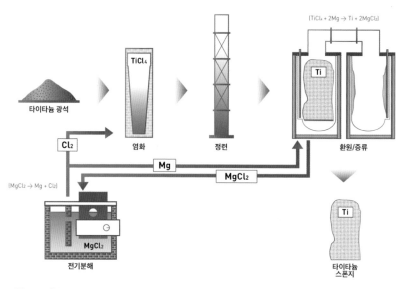

크롤 프로세스

나치 정권이 독일을 지배하기 시작하자 1940년 2월 크롤은 미국으로 이주하였는데, 1940년 6월에 그가 1938년에 출원한 타이타늄 생산 관련 특허(특허번호 2,205,854)가 정식으로 등록되었다. 같은 해 12월 크롤은 미

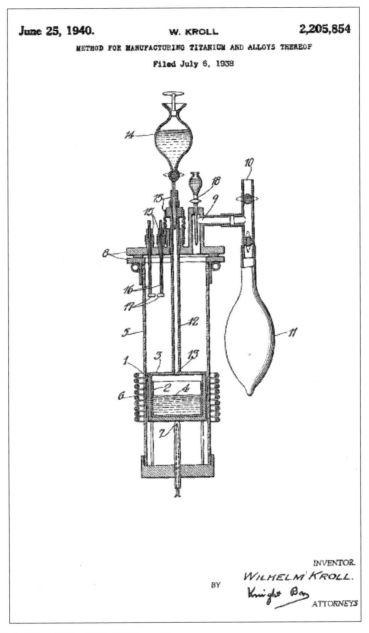

METHOD FOR MANUFACTURING TITANIUM AND ALLOYS THEREOF

Filed July 6, 1938

INVENTOR.

WILHELM KROLL.

BY

ATTORNEYS

크롤이 1938년 출원한 최초의 타이타늄 특허
(출처: https://patents.google.com/patent/US2205854A/en)

국 시민권을 신청하였으며 빌헬름Wilhelm이라는 독일식 이름 대신 윌리엄 William이라는 이름으로 개명하였다. 크롤은 지금은 Dow Chemical의 자회사가 된 Union Carbide라는 화학회사에 근무하게 되었다. 크롤의 1940년 특허는 1941년 미국이 주축국을 상대로 선전포고를 하고 미국 내 주축국 국적자들의 재산을 압류하는 외국인재산관리인법Alien Property Custodian Act을 통과시키면서 몰수되었다. 이에 크롤은 장장 7년에 걸친 소송 끝에 승소하게 되는데, 소송비용으로만 당시 1백만 달러에 달했다고 한다.[3] 다만 1948년부터 DuPont듀퐁사가 크롤의 특허를 사용하여 타이타늄 스펀지의 상업적 생산을 시작하면서, 그의 특허 수입은 다행히 이러한 비용을 감당하고도 충분하였다.

이후 크롤은 지르코늄에 대한 연구에 더욱 관심을 갖게 되고 1945년에 미국 광산국Bureau of Mines이 오레곤주 알바니에 연구소를 설립하자 자문역으로 근무하였다. 1910년에 설립된 미국 내무부 산하 광산국은 미국의 광물 채취의 안전과 생산성 향상에 관한 업무를 맡고 있었으나 제2차 세계대전을 거치면서 미국에 필요한 전략적 광물의 공급을 확보하는 역할을 담당하게 되었고, 1950년대에 이르러 대상 광물에 타이타늄이 포함되게 되었다. 광산국은 1996년에 해체되기 전까지 20세기 미국의 광물 자원의 연구와 생산·이용·보존에 대한 정보를 보급하는 역할을 담당했으며, 미국 타이타늄 산업의 발전에 빠질 수 없는 역할을 수행하였다.

1951년 크롤은 오레곤주립대학으로 옮겨 비영리 재단인 Metal Research Foundation에서 미국과 유럽의 학생들에게 장학금을 수여하는 일을 담당하였고, 1961년 유럽으로 돌아가 1973년 벨기에 브뤼셀Brussels에서 생을 마감하였다. 미국 정부는 그를 기리기 위해 1974년 콜로라도 광산학교에 크롤금속연구소Kroll Institute For Extractive Metallurgy를 설립했다. 크롤이 고안한 타이타늄 정제 방식은 현재 사용되고 있는 타이타늄 정제 프로세스의 근간이 되었으며, 이 덕분에 크롤은 현대 타이타늄 생산의 아버지로 여겨지고 있다.

타이타늄의 생산 공정

타이타늄이 지구상에 분포된 원소 중 아홉 번째, 금속 중 네 번째로 많이 매장되어 있음에도 불구하고 보편적으로 사용되지 못하고 특수 용도의 제품에 제한적으로 사용되는 이유는, 타이타늄의 고비용 생산 공정 때문이라 할 수 있다. 사실 타이타늄 소비의 95%는 이산화타이타늄TiO2의 형태로 이루어지는데, 대부분은 백색안료의 원료로서 화장품, 유리창, 페인트 등 우리 생활의 광범위한 분야에서 사용된다. 나머지 5%가 우리가 알고 있는 '타이타늄 금속'으로 소비되는데, 이렇게 타이타늄을 금속화하기 위해 타이타늄의 정련 및 용해 등 다수의 공정을 거쳐야 하고, 각 단계마다 상당한 에너지가 투입되어야 하며, 당연히 비용도 높아질 수밖에 없다. 다시 말하자면 타이타늄이란 금속은 전기의 보급, 진공 용해로의 개발 등 현대의 기술이 없다면 존재할 수 없는 금속인 것이다. 이 점이 금, 은, 구리, 철강과 같이 기본적인 고온 용해를 통해 수천 년간 사용되어온 금속과 차별되는 점이다.

타이타늄은 금홍석이나 티탄철석ilmenite에서 주로 추출되는데, 지구상에 광범위하게 분포되어 있음에도 주로 호주, 캐나다, 남아프리카공화국의 광산에서 채굴된다. 앞서 언급된 크롤 프로세스에 따라서 사염화타이타늄을 아르곤 가스가 주입된 스테인리스 용기에서 마그네슘과 함께 800~1,000°C에 이르는 고온에서 수 일 동안 반응시켜 타이타늄 스펀지를 생산한다. 이렇게 생산된 타이타늄 금속은 마치 현무암과 같이 기공이 존재하는 스펀지 형태의 덩어리이며 순도에 따라 각각 다른 등급을 가진다.

타이타늄 스펀지

다음으로 타이타늄 스펀지를 잘게 부수고 뭉쳐서 브리켓briquette으로 제조해야 하며, 이 브리켓을 대기 중의 산소 및 질소와 타이타늄이 반응하는 것을 막기 위해 진공 용해로에서 용해하여 추가적으로 불순물을 제거하면 타이타늄 잉고트가 생산된다. 1940년대 미국에서는 타이타늄의 용해를 위해 인덕션 용해와 진공 용해 등 여러 가지 방식이 시도되었다. 인덕션 용해의 경우 대기 중의 불순물과의 반응으로 인해 초반부터 제외되었으며, 진공 아크 용해방식 역시 조직의 비균일성으로 인해 그다지 바람직하지 못했다. 타이타늄의 진공 용해기술은 1950년대 진공아크재용해 Vacuum Arc Remelting(VAR) 공정이 적용되면서 혁신적인 발전을 이루었으며 1톤이 넘는 타이타늄 잉고트들이 생산되기 시작했다. 1952년 미국의 철강 회사인 Allegheny Ludlum에서 근무하던 헤레스Herres는 타이타늄의 단

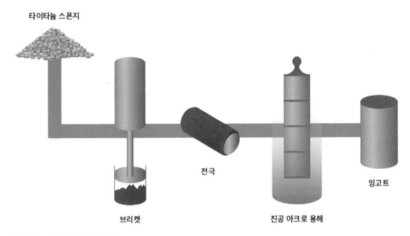

타이타늄 스폰지

전극

잉고트

브리켓

진공 아크로 용해

타이타늄 잉고트 생산 과정

타이타늄 잉고트

일 용해로는 원하는 품질을 얻을 수 없었던 것에 착안하여 VAR를 통한 이중 용해를 권장하였다.[4] VAR은 기본적으로 높은 순도와 균일한 조직을 가진 고급 금속을 생산해내기 위해 고안된 기술이며, 진공로 안에 소모전극을 직류전원을 사용하여 용해하고 진공로 자체는 워터 재킷 안에 들어가 있어 수냉이 가능하도록 만든 구조이다. VAR 공정은 기존의 금속 정련 방식에 큰 변화를 가져왔으며, 극도로 통제된 금속을 필요로 하는 우주항공, 바이오 산업용 소재를 생산하는 데 사용된다. VAR을 사용한 타이타늄 진공 이중 용해 double melting 방법은 현재까지 가장 보편적으로 사용되는 기술이다.

이렇게 타이타늄 잉곳가 만들어지고 나서야 비로소 타이타늄 금속 제품을 생산하기 위한 원재료가 준비된 것이다. 이 모든 과정은 막대한 에너지, 특히 전기를 필요로 하며 타이타늄 스펀지 생산 과정의 염소 사용은 까다로운 환경 규제를 만족해야 한다. 타이타늄이 지구상에 널리 분포된 원소임에도 불구하고 가격이 높은 이유는 바로 이러한 까다롭고 복잡한 생산 공정을 거쳐야 하기 때문이다. 일반적으로 타이타늄의 가격은 순철의 30배, 스테인리스의 10배, 알루미늄의 7배가 넘는 것으로 알려져 있다.

이렇게 복잡한 생산 과정 때문에 1947년까지 미국에서 생산된 타이타늄은 2톤을 넘지 않았다. 타이타늄의 군사적 중요성을 인식하게 된 미국 정부는 1947년부터 타이타늄의 생산과 합금 개발을 위한 지원을 시작한다. 특정 금속에 대해 그토록 많은 정치적·재정적 관심이 쏟아진 유일무이한 사례라 할 수 있는데, 이러한 지원에 힘입어 미국의 타이타늄 연간 생산량은 1953년에 약 900톤까지 증가하였으며 본격적인 대량생산에 들어가기 시작하였다.

1999년도 기준 금속가격 비교

Metal	Basis	$/kg
Iron(Fe)	Hot Roller Bar	0.37
Lead(Pb)	North American Market	0.60
Zinc(Zn)	US Dealer SHG	1.23
Aluminum(Al)	US Transaction price	1.59
Copper(Cu)	US Producer Cathode	1.85
Magnesium(Mg)	US Die Cast Alloy	3.64
Tin(Sn)	NY Dealer	5.80
Nickel(Ni)	LME 15 month	6.83
Titanium(Ti)	US SG Ingot Producer	12.68

(출처: Turner, 2001)

타이타늄의 다양한 특성

타이타늄을 명명한 클라프로트는 명칭의 중립성을 강조하기 위해 이렇게 명명하였다지만 후에 밝혀진 타이타늄의 특성은 '신들의 금속'이라는 그 이름에 꼭 걸맞은 것이었다. 타이타늄은 강점을 꼽자면 우수한 강도, 경량성, 탁월한 내부식성, 인체 적합성biocompatible을 들 수 있다. 타이타늄을 적용한 산업들은 이 강점들에 부합하는 제품들을 개발하면서 확장을 계속하고 있다. 이산화타이타늄을 제외하고 잉고트 형태를 거쳐 생산된 타이타늄을 보통 '중간재 혹은 mill product'라고 부르는데, 이 책에서 언급된 타이타늄 소재는 모두 mill product를 의미한다.

타이타늄의 경량성은 일반적으로 많이 알려진 특성이다. 예를 들어, 타이타늄은 강철 대비 약 55%의 비중을 가진다. 즉, 같은 크기의 철제품이 1kg이라면 타이타늄은 550g의 무게인 것이다. 이러한 경량성을 적절히 활용한 예가 아프가니스탄 전쟁 당시 BAE Systems이 개발한 곡사포인

M777이다. M777은 해병대의 요청에 의해 기동성이 뛰어난 헬기로 이동시키기 위해 개발되었으며, 이를 위해 기존에 사용하던 철강재 대신 타이타늄을 사용하여 기존의 7,200kg의 중량을 4,200kg까지 감소시켰다.

강도면에서 타이타늄은 비중 대비 강도를 의미하는 비강도specific strength가 가장 높은 금속이다. 항공에서 가장 널리 쓰이는 타이타늄 합금인 Ti-6Al-4V의 경우 항복강도는 일상적으로 가장 널리 쓰이는 316 스테인리스의 3배 넘게 강하면서 무게는 60%밖에 되지 않는다. 비중 대비 강도로 본다면 이러한 차이는 더욱 6배로 벌어진다. 항공용으로 개발된 알루미늄 합금 7075의 경우에도 타이타늄 합금 강도의 60%이며 비중 대비 강도 역시 88% 정도이다. 이러한 이유로 타이타늄은 주요 항공기 구조물, 우주발사체, 미사일 등 고강도와 경량성이 요구되는 항공과 방산 산업에 적용되었다.

타이타늄과 주요 합금 간 비교

	항복강도 (MPA)	비중 (g/cc)	비중대비 강도	타이타늄 대비 (Gr.2)	타이타늄 합금 대비 (Gr.5)
타이타늄(Gr.2)	275	4.51	61.0	100	32
타이타늄 합금(Gr.5)	830	4.42	187.8	308	100
316 스테인리스	230	7.94	29.0	48	15
알루미늄 합금(Al 7075)	462	2.81	164.4	270	88
2205 듀플렉스	450	7.8	57.7	95	31
모넬 400	175	8.83	19.8	33	11
인코넬 625	415	8.44	49.2	81	26

타이타늄의 또다른 강점은 내부식성anti-corrosion이다. 산소와의 높은 반응성으로 인해 타이타늄 표면에는 자연적으로 산화막이 형성되는데,

이러한 산화막으로 인해 타이타늄은 부식이 일어나지 않는다. 특히 염분에 대한 내식성으로 인해 타이타늄은 적용 시기 초반, 잠수함 소재로 주목받았다. 해수에 수천 년을 담가놓아도 겨우 종이 한 장 정도의 부식이 일어날 만큼 내식성이 강한 것으로 알려지면서 이후 수십 년의 사업 기간 동안 설비 교체가 거의 불가능한 원유 및 천연가스 채굴을 위한 해상 및 해저 플랜트의 소재로 쓰이기 시작하였다. 또한 담수화 설비에 주로 사용되는 소재이기도 하다. 타이타늄은 산성도 3에서 12pH에 걸쳐 반응하지 않으며 염소, 황, 인산염, 질소, 탄산염에도 강한 내식성을 지녔다. 따라서 강한 산성 물질을 다루어야 하는 화학 산업의 설비에도 많이 사용되고 있다.[5]

타이타늄은 높은 내열성heat resistant을 지니고 있다. 고온의 조업 환경에 적용되는 합금들을 내열 합금이라고 부르는데, 대표적으로 니켈, 텅스텐 합금들이 해당된다. 또한 타이타늄 역시 600°C가 넘는 고온에서도 견딜 수 있는 내열 합금이다. 앞서 소개한 항공용 알루미늄의 용융점melting point이 660°C인 데 반해 타이타늄의 용융점은 1,600°C에 이른다. 따라서 같은 고강도 경량 금속이지만 고온에 노출되어 알루미늄 합금이 사용될 수 없는 항공 엔진, 미사일 부품 및 전력 발전소 터빈 블레이드, 열교환기에도 활발히 사용되고 있다.

마지막으로 타이타늄은 인체 적합성으로 인해 생체 알레르기 반응을 일으키지 않아 널리 사용되는 의료용 소재이기도 하다. 1950년대에 이미 타이타늄이 인체에 무해non-toxic하다는 점이 잘 알려져 있었고, 스웨덴 의사인 페르 잉바르 브레네막Per-Ingvar Brånemark 박사는 이를 기반으로 인체의 뼈가 얼마나 타이타늄에 밀착되는지를 연구하였고 1965년에 최초의 타이타늄 임플란트가 이식되었다. 이후로도 타이타늄은 인공관절 등 인

체 내부에 이식되어야 하는 제품의 소재로 사용되었고 피부와 밀접하게
접촉해야 하는 안경테나 시계 등에도 사용되고 있다. 타이타늄의 무독성
의 성질은 해양 생태계에도 해당된다. 타이타늄을 해저에 설치하면 800시
간 만에 해양 미생물들이 달라붙는 생물오손biofouling 현상이 일어난다.
다른 합금들은 생물오손에 의해 부식이 일어나므로 설치물의 성능이 저
하되거나 생태계에 오염을 주는 반면, 타이타늄은 생물오손으로 인한 부
식이 일어나지 않아 해저 구조물에 안전하게 사용될 수 있는 것으로 알려
져 있다.

　많은 금속들이 각각의 강점을 지니고 있으나 앞서 살펴본 바와 같이
경량성, 강도, 내식성, 내열성과 무독성의 강점을 모두 갖춘 금속은 타이
타늄뿐이라 할 수 있다. 그럼에도 의료용이나 캠핑용품과 같은 소규모 소
비재를 제외하면 타이타늄은 거의 대부분이 중후장대한 산업에서 사용되
므로 일반 소비자들에게 익숙하되 일상생활에서 쉽게 접할 수 없는 소재
이기도 하다.

타이타늄의 종류와 용도

　타이타늄은 크게는 99% 이상의 순도를 지닌 Commercially Pure(CP) 등
급의 타이타늄과 다른 금속을 첨가하여 만든 합금으로 나뉜다. 여기서
CP 등급의 타이타늄은 Grade 1~4로 나눠지는데, 이것은 단지 종류를 의
미할 뿐이지 Grade 1이 가장 좋다는 의미는 아님을 밝힌다. (1등급 타이타
늄이 마치 가장 뛰어난 것처럼 오해하는 것을 우려해서이다.)

　1950년에서 1980년대 사이에만 미국에서 수천 종의 타이타늄 합금이
개발되고 연구되었지만, 이 중 100여 종만이 상업적으로 생산되었으며 그

타이타늄 종류	주요 용도
Grade 1	전극/음극체, 담수화 설비, 화학 공정, 선박, 의료, 탄화수소 정제 등
Grade 2	전극/음극체, 담수화 설비, 화학 공정, 선박, 의료, 탄화수소 정제, 항공기, 해상 플랜트 등
Grade 3	화학 공정, 선박 등
Grade 4	전극/음극체, 화학 공정, 치과용 임플란트, 항공기 등
Grade 5 (6% 알루미늄, 4% 바나디움)	항공기, 자동차, 방탄 소재, 선박, 해상 플랜트, 스포츠 도구 등
Grade 6(5% 알루미늄, 2.5% 주석)	제트엔진 등
Grade 7(0.15% 팔라듐)	전극/음극체, 습식 야금 채취, 전해 채취, 담수화, 화학 공정 등
Grade 9 (3% 알루미늄, 2.5% 바나디움)	탄성소자, 골프 카트 샤프트, 허니콤 등
Grade 11(0.15% 팔라디움)	화학 공정, 담수화, 해저 구조물, 염소산염 제조 등
Grade 12 (0.3% 몰리브덴, 0.8% 니켈)	전극/음극체, 습식 야금 채취, 전해 채취, 담수화, 화학 공정 등
Grade 17(0.05% 팔라디움)	화학 공정, 해양 설치물, 항공기 등
Grade 19 (3% 알루미늄, 8% 바나디움, 6% 크롬, 4% 몰리브덴, 8% 지르코늄)	항공기 랜딩기어, 자동차, 유전 등
Grade 23(Grade 5 ELI)	해양 플랜트, 의료, 선박, 항공기, 방탄 소재 등
Grade 36(45% 니오비움)	복합재 부품 리벳, 항공기 주입 장치 등
Grade 38 (4% 알루미늄, 2.5% 바나디움)	장갑재 도금 등

중 10여 개의 합금이 가장 보편적으로 사용되고 있다.[6] 전 세계 소비되는 타이타늄 합금의 80%는 알루미늄 6%와 바나디움 4%를 첨가하여 만든 Ti 6Al-4V 혹은 Grade 5라고 알려진 강종이다. 1950년에 일리노이공대Illinois Institute of Technology에서 개발한 이 합금은 다른 타이타늄 합금들과 비교하여 여러 가지 성질을 종합해볼 때 가장 균형 잡힌 합금으로 여겨지고 있으며 항공과 방산 분야에서 가장 광범위하게 사용된다. 이 Ti 6Al-4V가 개발되지 않았다면 타이타늄 산업 자체가 존재하지 않았으리라는 평가가

있을 정도로, 이 합금이 타이타늄 산업이 주목을 받던 1950년대에 개발되고 항공 소재로서의 적합성을 인정받음으로써 타이타늄 산업은 정부의 전폭적인 지원을 받게 되었다.[7] 타이타늄 생산 회사는 바로 CP 등급의 타이타늄뿐 아니라 합금의 생산 능력 여부가 중요한 평가 기준이 된다.

여기까지가 타이타늄에 대한 기본적인 기술적 내용들이다. 현재의 많은 보고서들이 기술적인 내용을 다루는 데 부족함이 없어 더 깊이 다루지는 않아도 될 것으로 생각된다. 오히려 이 책의 내용들은 이러한 기술적인 발전과 합금의 개발 이면에 존재하는 정부의 정책들과 기업들의 노력 그리고 그렇게 해야 했던 시대적인 배경을 다루고자 한다. 현재 세계 타이타늄 시장은 약 70년에 걸친 투자와 실패, 호황과 불황을 통해 형성된 결과물이기 때문이다.

1   https://www.metalary.com/2018/01/24/titanium-godly-metal/

2   History of Titanium-Kyocera SGS Europe (kyocera-sgstool.co.uk).

3   https://en.wikipedia.org/wiki/William_Justin_Kroll

4   "State of Titanium in the USA-the First 50 Years", D. Eylon, 1999.

5   "Ti application for seawater applications", Robert Houser, 2011.

6   "Titanium: Past, Present, and Future", National Materials Advisory Board, 1983.

7   "The History of Metals in America", Carles R. Simcoe, 2018.

타이타늄과 정부

타이타늄과 정부

Titanium is a new wonder metal. This is a military must.

타이타늄은 새롭고 경이로운 금속이다. 이것은 군사적 필수요건이다.

타이타늄의 발전 역사와 특수한 전략적 중요성을 이해하기 위해서는 타이타늄 산업의 시작에 대해 살펴보아야 하고, 그 시작은 미국에서부터 비롯되었다. 다른 금속들과는 달리 타이타늄은 그 시작부터 군사적 이용 이라는 분명하고 명확한 목적을 갖고 미국 정부의 주도적인 연구과 지원 에 의해 산업이 탄생하였다. 그 과정에서 정부의 역할은 그 어떤 산업에 서도 볼 수 없었을 만큼 광범위한 것이었다.

타이타늄 산업은 역사상 그 어떤 구조금속보다도 신속하게 발전했 으며, 정부는 전례가 없는 수준으로 자금주, 고객, R&D 스폰서, 참 여자, (공급 부족 시) 할당자, (고정 가격을 시도하던 1970년대에는) 처벌자로서 개입하였다.

The titanium industry developed as quickly as that of any structural

metal in history and with unprecedented involvement of the
government as bankroller, customer, research and development
sponsor and participant, allocator (during shortages) and scourge
(in the price-fixing trials of the 1970s.)[1]

타이타늄 생산의 복잡성과 난이도 그리고 당연히 수반되는 고비용에
도 불구하고 미국 정부의 강력한 지원을 받을 수 있었던 배경에는 제2차
세계대전이 끝난 후 주도권을 잡기 위해 치열하게 경쟁했던 소련과의 냉
전을 빼놓을 수 없다. 이 챕터에서는 타이타늄 산업의 시작과 성장을 주
도하였던 미국 정부의 역할에 대해 다룬다.

1950년대: 냉전과 정부의 지원

미국이 어느 시점부터 타이타늄에 주목하기 시작하였는지를 정확히
알기는 쉽지 않다. 앞에서 언급하였듯이 크롤 박사가 처음 타이타늄 생산
샘플을 갖고 미국을 방문했던 1938년에 이르러서야 타이타늄에 대한 관
심이 시작되었다고 볼 수 있다. 미국 광산국Bureau of Mines에서는 1938년
에 타이타늄에 대한 연구를 시작하였고 1941년 크롤의 방식으로 100g의
타이타늄을 생산하였다.[2] 또한 1944년에는 콜로라도Colorado에 관련 연구
소를 설립하였다. 1948년 드디어 광산국에서는 네바다주 볼더시티Boulder
City에 위치한 소규모 설비에서 91Kg의 타이타늄을 생산하였다. 같은 해
광산국이 완성한 토대 위에서 DuPont듀퐁사가 타이타늄 스펀지의 상업적
생산을 시작하였고 Allegheny Ludlum Steel Corporation에서는 타이타늄
용해에 대한 특허를 출원하였다. 또한 이때 미 해군의 후원을 받아 학계,

산업계, 군, 정부의 주요 인사 200명이 모인 대규모 타이타늄 학회가 개최되었다.[3] 이를 보아 제2차 세계대전이 끝나가던 1940년대 중반부터는 이미 정부와 산업계에서 타이타늄에 대해 주목하기 시작했다고 보아도 무방할 것이다. 1950년에는 미국 자연사박물관에 '신데렐라 금속Cinderella Metal'이라는 제목으로 타이타늄에 대한 전시회가 개최된 것으로 보아 이때가 되어 타이타늄이 대중에게도 알려지기 시작했을 것이다.[4]

당시의 국제 정세를 살펴보면, 제2차 세계대전의 종전이 다가오면서 미국과 영국이 주도하는 서방 자유 세계와 소비에트 연방 사이의 갈등이 고조되고, 1947년 미국이 서유럽의 자유주의 진영국가들에 대한 경제 원조 프로그램인 마셜 플랜Marshall Plan을 진행하면서 소련과의 냉전이 본격적으로 시작되었다. 또한 1950년 발발한 한국전쟁은 소련과 미국이라는 두 강대국이 무력 충돌하게 되는 첫 번째 계기였으며, 군비 확장 경쟁에 돌입하게 되는 계기가 된다.

1950년대에 미·소 간 군사력 경쟁에서의 가장 핵심은 두 가지였다. 첫째는 공중과 우주에서의 우위를 확보하는 것, 둘째는 해양에서의 우위를 확보하는 것이었다. 이는 우주항공에서의 고강도 경량 소재(즉, 비중 대비 강도가 뛰어난)를 개발하는 것을 의미하였고 타이타늄은 그러한 맥락에서 맹렬한 관심을 받기 시작했다.[5] 따라서 타이타늄 산업이 성장을 시작할 수 있었던 것은 위에서 언급한 3가지 요인이 적절한 타이밍에 갖춰진 데서 비롯되었다.[6] 그것은 앞서 언급한 대로 광산국이 1948년에 타이타늄 스펀지를 생산할 수 있는 기술적 토대를 완성시켰을 때, 냉전이 격화되고 우주항공 영역에서 경쟁의 핵심이라 할 수 있는 제트엔진의 시대가 온 것이다.

한국전쟁 동안 미국은 군수용으로 사용하기 위해 타이타늄의 생산과 기술 연구에 전력을 다했다. 1952년 미국 대통령소재정책위원회Presidents Materials Policy Commissions에 의해 작성된 보고서인 '자유를 위한 자원들 Resources for Freedom'은 철과 알루미늄과 같은 주요 금속 이외에도 타이타 늄, 우라늄, 지르코늄, 플루토늄, 니켈, 주석 등 총 20종이 넘는 금속에 대한 미국의 전략적 중요성에 대해 다루고 있다. 총 800페이지가 넘는 이 방대한 보고서에서는 타이타늄에 대해 다음과 같이 서술하고 있다.

> 타이타늄의 다양한 잠재적 군사적인 이용의 측면과 그 이용이 가져 올 전략적·전술적 이점을 고려하면 대규모, 저비용의 타이타늄 생 산을 최대한 신속히 가능하게 하는 것이 매우 필요하다.
> In view of the many potential military applications for titanium and the strategic and tactical advantages that its use would afford, it is highly desirable that an intensive effort be made to develop large-scale, low cost production as quickly as possible.

> 조속한 미래에 군사적 수요가 엄청날 것으로 예상되는 만큼 정부의 계속된 참여가 필수적이다.
> [A]s military demand is likely to be paramount for the immediate future, continued participation of the Government seems essential.

당시 타이타늄이라는 새로운 소재에 대한 미국 정계의 관심은 뜨거웠 다. 타이타늄은 제트엔진에서 스테인리스 강철을 대체하며, 잠수함과 로 켓, 유도 미사일 등 핵심 무기 체계에 전 방위적으로 쓰이는 '전략적'인 위 치로 떠올랐다. 1953년 미국 국방부는 당시 2,000톤에 불과했던 타이타늄 의 국내 생산량을 1956년까지 35,000톤으로 증가시킨다는 목표를 삼고 있었으며, 이를 위해 당시 공군참모 총장은 "정부는 타이타늄의 생산을 증가시키기 위해 잠재적인 생산자들에게 필요한 지원을 즉시 제공해야 한다"라고 주장했다.[7] 1954년에는 미 국방부 내에 타이타늄연구개발운영위원회Steering Group on Titanium Research and Development가 설치되어 타이타늄에 대한 국방부의 정책 형성을 지원하고 공군, 해군, 육군에서의 타이타늄 적용 사업을 지도하였다.[8]

하지만 타이타늄이 어떤 용도로 얼마만큼의 생산량을 필요로 할 것인지에 대해서는 정부와 산업계 내에서 의견이 분분하였다. 당시 네바다주 상원의원이었던 조지 말론George Malone은 1953~1954년 타이타늄에 관련된 거의 모든 관계자들을 한자리에 불러놓고 의회 청문회를 열었다. 타이타늄의 잠재적인 용도, 가격, 생산 규모, 기술적 한계 등 거의 모든 주제에 대한 심도 있는 질의가 이어졌고 타이타늄에 대한 낙관론과 회의론이 분분했다. 하지만 결국 타이타늄의 잠재된 가능성에 대한 낙관론이 승리하였고 타이타늄에 대한 관심은 이제 행정부나 군에만 국한된 것이 아닌 의회까지 포함된 범정부적인 것이 되었다. 1954년에 700쪽이 넘는 이 청문회 보고서에는 타이타늄에 대한 지지를 명확히 드러내고 있다.

우리는 지체 없이 타이타늄의 생산 목표를 15만 톤으로 증가시킬 것을 권한다. 타이타늄은 새롭고 경이로운 금속이다. 이것은 군사적 필수조건이다. 정부는 이러한 목표를 성취하기 위해 준비된 검증된 프로젝트와 지체 없이 계약을 맺어야 한다. 고온에 강하고, 높은 중량 대비 강도를 지니며, 부식되지 않고 비자성인 이 금속에 대한 민간 수요는 엄청나다. 이 금속은 50억에서 100억 달러에 달하는 새로운 민간 산업의 기초가 될 수 있다. [타이타늄의] 생산은 타이타늄 없이 만들어진 어떤 국가의 항공 설비도 무용지물로 만들 것이다.

We recommend increasing the production goal for titanium to 150,000 tons annual minimum without delay. Titanium is a new wonder metal. This is a military must. Contracts should be awarded without delay by the Government to qualified concerns prepared to contribute toward this goal. Civilian demands are tremendous for this heat-resistant high strength-wight-ratio, noncorrosive, nonmagnetic metal. This metal can become the basis for a 5- to 10 billion-dollar new civilian industry. Production will make obsolete any nation's air equipment built without it.[9]

1950년대 미국 정부는 타이타늄의 활용을 확대하기 위해 두 가지 목표를 세우는데, 그것은 생산 확대와 가격 하락이었다. 이에 따른 타이타늄 산업의 성장을 위한 미국 정부의 역할을 다음과 같이 정리해볼 수 있다.

가장 먼저 재정적인 지원이다. 가장 대표적인 것이 기존 스펀지 생산 업체들과 신규 스펀지 생산 업체들 모두에게 연간 생산량 1톤당 4,200달러에 해당하는 정부 차관을 제공하는 것이었다. 스펀지 생산 업체들은 생산량에 비례하여 정해진 액수로 채무를 상환하거나 스펀지 현물로도 상환할 수 있었다. 미국 정부는 또한 스펀지의 생산 확대를 위해 업체들과 잉여 생산분에 대해서도 구매를 보장해주는 구매보장합의Guaranteed Purchase Agreement를 체결하였다. 이에 따라 연방총부처Genearl Services Admnistration는 TMCA, DuPont과 각각 연간 3,600톤과 2,700톤의 구매 계약을 체결하였다. 뒤이어 후발주자인 Crane Company크레인 컴퍼니(6,000톤), Dow Chemical 디우케미컬(1,800톤), Union Carbide유니온 카바이드(7,500톤)과도 계약이 체결되었다.[10] 대규모 자본 투자가 필요한 점을 감안하여 모든 스펀지 생산 설비에 대한 가속상각accelerated amortization이 가능하도록 하여 설비 투자를 촉진시켰다. 이에 힘입어 DuPont은 1,500만 달러, Crane Co는 4,000만 달러를 투자하여 스펀지 생산 설비를 확충하였다.

재정적인 지원 이외에도 기술 개발을 위한 정부 지원도 함께 이루어졌다. 이 과정에서 미 공군과 광산국이 주도적인 역할을 하였다. 우선 미 공군은 1946년 미 광산국이 타이타늄에 대한 연구를 시작할 때 자금을 지원하였다. 자체적으로도 타이타늄에 대한 연구를 계속하는 반면, 이후 Battelle Memorial Institute, Armour Research FoundationARF 등 민간연구소를 통한 타이타늄 프로젝트에 대해서도 지원하였다. Battelle Memorial Institute는 철강 재벌이었던 배텔Battelle 가문이 1929년 철강 산업을 현대화시킬 연구를 지원하기 위해 설립하였는데, 다양한 타이타늄 합금에 대한 연구와 그 용도에 대한 연구를 진행하였다. ARF 역시 1930년대 후반 산업 관련 연구를 진행하기 위해 설립되었고, 시카고에 위치하고 있었던 이유로 일리노이공대와 밀접한 관련을 갖고 있었다. 이 일리노이공대에서 대표적인 우주항공용 합금인 Ti 6Al-4V가 탄생하였다.

미 광산국의 경우 생산 비용 절감을 위한 기술 개발에 집중하였다. 콜로라도 볼더에 설립한 연구소에서는 스펀지 생산 비용을 낮추기 위한 크롤 프로세스Kroll Process의 개선에 대한 연구를 진행하였고 실제로 파일럿 설비를 운영하기도 하였다. 광산국이 개발한 공정에 대한 기술적인 정보와 특허는 모든 업체들에게 무상으로 공개되었으므로 타이타늄 산업에 새로 진입하고자 하는 업체들에게 상당한 도움이 되었다. TMCA(TIMET의 전신)은 광산국 설비를 1년 정도 운영하면서 생산에 대한 경험을 얻을 수 있었다. 실제로 실행되지는 않았지만 국방동원청Office of Defense Mobilization

에서는 2,500만 달러를 투자하여, 기술적으로 가능하지만 신속히 적용되지 않고 있는 새로운 생산 공정을 테스트하기 위한 파일럿 설비를 건설하는 것을 검토하였다. 동시에 광산국이 실제 설비를 운영하면서 실제 생산 비용을 계산하고 이를 다른 스펀지 생산 업체의 가격을 하락시키는 벤치마크로 사용하며, 소수의 생산 업체들이 특허 등을 무기삼아 폭리를 취할 수 없도록 견제하였다. 당시 광산국은 크롤 프로세스를 통한 고순도 타이타늄 스펀지의 직접 비용(변동비)을 \$1.68/lb로, 최종 비용은 \$2.25/lb로 추산하였는데, 이 결과는 당시의 시장가격이었던 \$4.46/lb~\$4.72/lb에 압력으로 작용하였다.

타이타늄 생산 기술 개발 초기에서 광산국의 역할에 대한 중요성에 대해서는 말론 상원의원의 청문회에서도 다음과 같이 언급되었다.

> General Metzger: 저는 광산국이 볼더시에서 행한 소규모 생산이 크롤 공정을 개선시키고 발전시키고 다른 공정들을 발전시키는 데 필수적이었다고 믿습니다. (I believe that the work the small production at Boulder City of the United States Bureau of Mines was essential to the refinement and development of the Kroll process, or essential to the development of any other process.)
> Senator Malone: 그들의 생산이 더 좋고, 저렴한 타이타늄을 생산하는 새로운 방법을 고안하는 데 기여할까요? (Their production would help in the search for new methods, and better and cheaper ways of making titanium?)
> Metzger: 저는 반드시 그렇다고 믿습니다. (I think so very definitely.)[11]

이 밖에도 미국 정부는 타이타늄 스펀지의 원재료인 이산화타이타늄을 생산하는 National Lead내셔널리드사가 뉴욕주에 새로 개발한 티탄철석 광산을 위해 연방기관인 군수설비사Defense Plant Corporation에서 300만 달러를 지급하여 광산까지 철도를 건설해준 사례도 있다.[12]

1950년 75톤이었던 타이타늄 스펀지 생산량은 이러한 노력에 힘입어 1956년에는 14,000톤까지 증가하였다. 하지만 1953년 미국 국방부가 세웠던 35,000톤의 생산 목표에는 훨씬 못 미치는 규모였다. 1957년도 뉴욕타임지 기사에 따르면, 이 시기 미국 정부가 타이타늄 산업에 제공한 각종 지원금은 2억 1,500만 달러에 달했다.[13] (이는 현재 달러 가치로 환산하면 21억 5,000만 달러에 달한다. 현재 환율로 약 2조 5,000억 원 규모이다.)

이 당시 미국 정부의 역할 중 가장 인상 깊은 것이 바로 적극적인 정보 공유일 것이다. 1950년대 초반 타이타늄에 대한 연구와 생산 기술 개발에 대한 정부의 강력한 지원은 1955년에 이르면 이 분야에서 상당한 결실을 맺게 된다. 1954년 말 미 국방부는 100만 달러의 예산을 들어 Battelle Memorial Institute에 그동안의 타이타늄에 대한 연구 결과와 데이터를 집대성하는 프로젝트를 발주하였다. 그 결과로 2년 6개월 후 Battelle 연구소는 80종의 보고서와 100종의 기술 자료를 발간하여 1,800군데가 넘는 곳에 배포하였다. 이들 거의 대부분이 연구자, 엔지니어, 설계자 등 타이타늄에 대한 자료를 필요로 하는 이들이었다.

최종 구매자로서 미국 정부는 타이타늄의 스펀지 생산 업체, 용해 업체 그리고 국방부 내 군수 관련 부서들 간의 활발한 정보 교류와 협력을 통해 타이타늄의 적용 용도를 확대하고 새로운 합금을 만들어내는 것에 집중했다. 위에서 언급한 대로 타이타늄의 샘플을 무상으로 제공하고 일반적인 기술 데이터에 대한 공유는 이 시기 소수의 기업들로 구성된 타이타늄 산업이 발전하는 토대가 되었다는 데 이견이 없을 것이다.[14] 당시

General Dynamics제너럴 다이내믹스 소속 항공기제조사인 Convair콘베어 소속이었던 엔지니어 E. J. 레프브르E. J. Lefvre는 다음과 같이 증언하고 있다:

> 스펀지 생산에서의 개선과 더불어 방산 업체(prime contractors) 간의 상호 정보 교환을 통한 협력과 공급자와 제조자 간의 협력적 연구·개발 프로그램이 타이타늄 금속의 새로운 성형 기술로 이어졌다는 점이 강조되어야 한다. 이것은 매우 중요하다. 우리는 이 프로그램에서 할 수 있는 최선을 다해 함께 일하고 있다.
>
> In addition to this improvement in sponge development, it should be noted that cooperation by mutual exchange of information between prime contractors as well as cooperative research and development programs between suppliers and the manufacturers has resulted in some new fabricating techniques with respect to titanium metals. This is very significant. We are working together as closely as we can in this program.[15]

1952년에 생산된 Douglas더글러스사의 X-3 전투기는 초음속을 달성하고 전투기에 있어서 타이타늄의 적합성을 시험하는 것을 목적으로 생산되었다. X-3는 타이타늄을 항공기에 적용했던 첫 사례라 할 수 있다. 비록 목표로 했던 마하2의 속도를 달성하지는 못하였으나 기체 디자인과 타이타늄 가공과 구성에 대한 유용한 기술들을 축적하는 데 기여했다.[16] 일부 기술들은 이후 록히드마틴의 F-104 Starfighter에 적용되었으며, 무엇보다도 타이타늄의 항공기 사용 시대를 열었다.

이후 타이타늄을 가장 적극적으로 수용하게 된 분야는 항공 제트엔진이었다. 순수 타이타늄은 항공기에 사용하기에는 강도가 부족하였다. 미

더글라스사의 X-3 Stiletto

공군은 앞서 언급한 ARF, Battelle 등의 연구소들을 통해 다양한 합금을 개발하였고, Ti 6Al-4V 합금이 개발되자 엔진 업체들에게 보내어 테스트하였다. Ti 6Al-4V의 성공은 단번에 모든 타이타늄 업계의 주목을 받게 되었다. 제트엔진에서 Ti 6Al-4V는 약 150~540°C의 열에 노출되는 컴프레서 부분에서 주요 사용되었으며, Pratt & Whitney프랫앤휘트니는 이 타이타늄 합금의 최대 수요자가 되었다.

1958년 미 항공우주국National Aeronautics and Space Administration(NASA)이 설립되고 국제 우주 개발 경쟁이 본격화되는 가운데 타이타늄 역시 우주 프로젝트에 사용되기 시작하였다. 1958년 미국 최초의 인공위성 프로젝트에 타이타늄이 소량 사용되었고, 1959년 미국 최초의 유인 우주선 프로젝트인 '화성 프로젝트Project Mercury'에 이르면 우주선의 내벽과 구조물을 타이타늄으로 제작하였다.[17]

1960년대: 우주항공시대 타이타늄의 도약

미·소 간 우주 개발 경쟁과 1960년대 초음속supersonic 비행에 대한 개발 경쟁을 이해하려면 아마도 당시 미국의 시대적 분위기를 짚고 넘어가는 것이 도움이 될 것이다. 1960년 미국 민주당 대선 후보 경선에서 승리한 존 F. 케네디의 후보지명 수락 연설은 미국의 새로운 시대를 알리는 시작이었다. 뉴 프런티어 연설로 유명한 부분을 살펴보자.

> 오늘 우리는 뉴 프런티어(새로운 한계)에 가장자리에 서 있습니다. 그것은 1960년대의 한계이자 미지의 기회와 위험들의 한계이며, 충족되지 않은 희망들과 다가오지 않은 위협들의 한계입니다. … 그 한계를 넘어서면 과학과 우주의 개척되지 않은 영역과, 평화와 전쟁의 해결되지 않은 문제들과 무지와 편견의 정복되지 않은 문제들, 빈곤과 잉여의 대답되지 않은 의문들이 존재하고 있습니다. 나는 여러분 각각에게 뉴 프런티어를 향한 선구자가 되기를 요청합니다.
> We stand today on the edge of a New Frontier-the frontier of the 1960s, the frontier of unknown opportunities and perils, the frontier of unfilled hopes and unfilled threats … Beyond that frontier are uncharted areas of science and space, unsolved problems of peace and war, unconquered problems of ignorance and prejudice, unanswered questions of poverty and surplus. … I'm asking each of you to be pioneers towards that New Frontier.

'The best and the brightest'[18]로 묘사되는 역대 최고의 엘리트로 구성된 케네디 행정부는 케네디가 주창했던 뉴 프런티어 정신에 따라 군사와 우주 분야에서의 우위를 확고히 하기 위해 주력하였다. 1962년 초음속 정찰기인 A-12의 탄생과 Boeing보잉이 생산한 최초의 민간 항공기인 707의 성공으로 미국이 군사와 민간 부문 모두에 걸친 항공에서의 우위에 대한 자신감은 굳건해졌다. 미국 우주항공 우위의 황금기는 단연코 1960년대라 할 것이며, 타이타늄에 대한 많은 기술적 발전이 이 시기에 이루어졌다.

1962년 Lockheed록히드의 전설적인 개발팀인 Skunk Works스컹크웍스에 의해 탄생한 A-12 장거리 고고도high altitude정찰기는 타이타늄의 사용에 획기적인 변화를 가져온 프로젝트였다. 대천사를 의미하는 Archangel에서 'A'를 따온 이 정찰기를 개발하게 된 배경은 당시 미국의 정찰기였던 U-2가 소련에게 계속 격추당하면서 소련의 지대공 미사일에 격추당하지 않는 고고도 초음속 전략 정찰기가 필요로 하였기 때문이다. (참고로 록히드가 U-2의 개발 당시 프로젝트 이름이 Angel이었다고 한다. 따라서 이보다 더 강한 'Archangel'을 만든다는 의지가 담겨 있다.) 따라서 프로젝트의 주체 역시 미 공군이 아닌 CIA였다. A-12는 이 프로젝트에서 12번째 설계안을 바탕으로 탄생하였다는 의미를 갖고 있는데, 린든 대통령이 기종을 공개하는 자리에서 록히드의 요청을 받아 고의로 'A-11'이라고 지칭하면서 A-11과 A-12가 혼재되어 사용되었다.[19] 이 프로젝트에는 당시 시대를 앞서 가는 많은 기술들이 시도되었는데, 당시 프로젝트의 책임자였던 켈리 존슨Kelly Johnson은 "전부 새로 만들어야 했다. 전부"라고 회상하고 있다.[20] 예를 들어, A-12에 장착된 Pratt & Whitney사의 J58 엔진은 마하 3 이상의 속도와 고도 80,000파트(약 25km)에서 운행할 수 있도록 미 공군에서 허가된 최초의 엔진이었다.[21]

A-12의 탄생에서 타이타늄은 가장 큰 기술적 난관으로 여겨졌다. 미사일이 따라올 수 없는 엄청난 초고속 비행으로 인해 마찰열이 발생하고 기체 외부의 온도가 500°C 이상 올라가게 되면서 이를 견딜 수 있는 재질

이 필요해졌다. 스테인리스의 강도를 지니며 가벼우면서 이 정도의 고온에 견딜 수 있는 것은 타이타늄뿐이었다. 물론 기존의 철강재를 사용할수도 있었지만 그렇게 될 경우 중량의 증가로 인해 재급유까지 걸리는 시간이 줄어들게 되고 따라서 비행 거리가 감소하게 된다. 1950년대 타이타늄은 엔진처럼 고온에 노출되는 부위에만 주로 적용되었던 반면, A-12는 기체의 전체를 타이타늄으로 제작하려는 야심찬 시도 끝에 중량의 93%를 Ti 6Al-4V와 Ti 13V-11Cr-3Al의 타이타늄으로 제작하였다. Ti 13V-11Cr-3Al은 A-12에서 최초로 사용된 타이타늄 합금이었으며 Ti 6Al-4V에 비해 훨씬 높은 강도를 갖고 있었다. 이들 타이타늄 합금들의 강도와 난삭성으로 인해 엔지니어들은 곡면으로 된 설계를 당시 타이타늄 가공기술로는 구현하기 어렵다는 것을 깨닫게 되고 이를 곡면 부위만 가공하여 직선 부위에 용접하는 방식으로 해결하였다. 또한 알루미늄 가공에 비해 5%밖에 되지 않는 생산성을 개선하기 위해 가공 공구부터 모두 새로 제작하는 과정을 거쳤다. 예를 들어, 17개의 홀을 뚫으면 가공 공구를 폐기해야 했던 생산 초반에 비해 SR-71 생산 후반이 되면 100개의 홀을 가공하고도 공구를 재연마하여 재사용할 수 있게 되었다.[22]

기술적인 문제 이외에도 CIA는 타이타늄과 관련한 다른 문제에 봉착하게 되었는데, 바로 타이타늄 소재 자체를 조달하는 일이었다. 당시 록히드에서 일했던 벤 리치Ben Rich는 다음과 같이 회고하고 있다.

> 우리의 공급사였던 TIMET은 이 귀중한 합금을 단지 소량으로만 보유하고 있었고, CIA는 제3자와 위장회사를 거쳐 전 세계를 탐문한 끝에 세계 주요 수출국 중 하나였던 소련으로부터 원소재를 사오는 데 성공했다. 러시아인들은 자국을 정찰하기 위해 급하게 진행되었

던 정찰기의 탄생에 자신들이 어떻게 기여하게 되었는지 꿈에도 알지 못했다.

Our supplier, Titanium Metals Corporation, had only limited reserves of the precious alloy, so the CIA conducted a worldwide search and using third parties and dummy companies, managed to unobtrusively purchase the base metal from one of the world's leading exporters-the Soviet Union. The Russians never had an inkling of how they were actually contributing to the creation of the airplane being rushed into construction to spy on their homeland."[23]

이렇게 해서 탄생한 A-12는 초기에는 다음 사진에서 보는 것과 같이 타이타늄 특유의 어두운 회색빛을 띠고 있었으며, 그 모습이 마치 우아한 백조와 같다는 점에서 백조cygnus라는 이름으로 불리게 되었다. 하지만 초음속의 속도로 인해 조종석에 지대한 마찰열이 발생하였고, 조종사에게 가해질 피해를 해결하기 위해 기체를 검정 특수 페인트로 도색하게 되면서 '블랙버드Blackbird'라는 이름을 얻게 되었고 이후 블랙버드는 A-12에 기반하여 개조된 SR-71, M-21, YF-12 모델들을 모두 포괄하는 명칭으로 사용되고 있다. A-12는 거듭되는 사고와 예산 문제로 인해 수년 만에 퇴역하게 되었고 A-12의 마지막 임무지는 당시 푸에블로Pueblo호를 나포하여 억류하고 있었던 북한의 원산항이었다. A-12의 퇴역 후 미 공군과 NASA는 3기를 구매한 후 초음속과 고고도 비행에 대한 연구 및 테스트를 위한 기종으로 개조시켰고 이것이 YF-12 모델이다.

이후 A-12를 2인용 전투기로 개조하여 1964년부터 생산되기 시작한 Lockheed록히드의 SR-71는 총 중량의 92%, 구조물의 85%가 타이타늄으로

Lockheed의 A-12

Lockheed의 SR-71 블랙버드

(출처: 위키피디아)

이루어져 있으며 마하 3.2의 속도를 돌파했다. 1인 정찰기였던 A-12를 2인용 전투기로 개조하면서 중량이 증가하였고 속도 역시 A-12보다는 다소 느려진 것으로 알려져 있지만 SR-71이 1976년에 세운 '세계에서 가장 빠른 유인 전투기'의 기록은 현재까지도 깨어지지 않고 있다. 만약 지대공 미사일이 감지가 된다면 SR-71은 그저 속도를 올리기만 하면 될 뿐이었다. SR-71은 1998년 미 공군에서 은퇴하기까지 거의 30여 년간의 정찰 의무를 수행하며 미 공군의 주력기로 활동하였다. 아직 슈퍼컴퓨터가 등장하기 이전, 엔지니어들의 개념 설계와 수기 계산에 근거하여 탄생한 블랙버드의 의의에 대해 후세는 다음과 같이 평가하고 있다.

> Lockheed의 블랙버드는 항공 공학의 발전에서 독특한 위치에 있다. 그 당시 블랙버드는 고도와 속도 면에서 모든 다른 제트 항공기들을 능가하였다. 현재는 퇴역하였지만 블랙버드는 80,000피트 이상의 고도에서 마하 3의 속도로 운행할 수 있는 능력을 지닌 유일한 생산 기종으로 남아 있다.
> The Lockheed Blackbirds hold a unique place in the development of aeronautics. In their day, they outperformed all other jet airplanes in terms of altitude and speed. Now retired, the Blackbirds remain the only production aircraft capable of sustained Mach 3 cruise and cruising altitudes above 80,000 feet.[24]

A-12의 개발과 성공은 군사 영역에서 괄목할 만한 성취였다면 민간 항공 분야에서는 초음속 여객기Supersonic Transport(SST) 개발을 향한 지대한 관심과 노력이 있었다. SST가 저음속subsonic으로 비행하는 여객기의 미래가 될 것이라는 될 것이라는 전망은 1950년대 초반부터 시작되었다.

Boeing은 1952년 초음속으로 여행하는 여객기에 대한 연구를 시작하였으며 1958년에는 내부 연구 위원회를 설립하였다. Boeing 내부에서 Model 733으로 불리는 여러 가지 디자인들을 발전시키기 시작하였고 당시 보편적으로 사용되었던 델타익delta wing에서 날개가 앞뒤로 이동할 수 있는 가변익swing wing의 디자인으로 변화하였다. Boeing, Lockheed, Douglas 와 같은 항공기 제조사들은 SST에 대해 매우 낙관적인 전망을 갖고 있었던 반면 실제로 승객들을 태워야 하는 항공사들의 경우, SST의 실현가능성에 대해서는 조심스러운 입장이었다.

당시 SST에 대한 가장 확고한 지지자는, 케네디 대통령에 의해 46세의 나이에 미국연방항공청Federal Aviation Administration(FAA)의 청장으로 부임한 나집 할라비Najeeb Halaby였다. 시리아 이민자의 아들로 태어난 할라비는 스탠포드대학 학부와 예일법학대학원을 졸업한 후 로펌에 근무하며 비행 조종술을 익혔다. 제2차 세계대전 중 그는 비행 교관으로 근무하다 미 해군의 테스트 조종사가 되었으며, 1945년 캘리포니아에서 메릴랜드로 5시간 40분을 비행하며 미국 최초의 대륙 횡단 비행 기록을 수립하게 된다. 이후 미 국무부의 민간항공 자문관으로 근무하며 사우디아라비아 압둘아지즈Abdülaziz 국왕에게 자문을 제공하고 이후 록펠러Rockfeller 가문의 항공 분야 투자 담당으로도 근무하는 등 다방면에서 뛰어난 능력을 드러내었다. 케네디는 취임 초기부터 할라비에게 민간 항공의 미래에 대해 보고할 것을 요구했고 할라비는 FAA 취임 한 달 만에 Project Horizon이라고 불리는 위원회를 구성하고 SST에 대한 강력한 지지를 표명하였다. 당시 음속 이하의 속도로 비행하던 당시 현실에 비추어 초음속 여객기의 개발은 당연하면서 매력적인 목표로 보였다. 하지만 항공 업계에서는 이러한 민간 초음속 여객기의 개발에 수반되는 상당한 리스크에 대해 우려하던 시각이 팽배하였다. 할라비는 초음속 여객기 시장의 진입 실패는 '엄청난 퇴보'[25]가 될 것이라고 주장하였고, 케네디 대통령과 의회를 설득하여 1961년 SST의 연구를 위한 1,200만 달러의 예산을 따내는 데 성공하였다.

이 결정은 기술의 발전을 진보라고 믿었던("Congress and the country uncritically identified technological advance with progress"[26]) 당시의 분위기에 대한 후세의 평가로부터 자유로울 수 없을 것이다.

할라비의 노력에도 불구하고 여러 가지 우려로 지연되고 있던 SST 프로그램이 본격적으로 탄력을 받기 시작한 것은 1963년부터이다. 6월 5일 미국 공군 사관학교 졸업식에서 케네디는 그의 축하 연설에서 SST 프로그램의 시작을 공식적으로 천명하였다. 이러한 결정을 촉발시킨 것은 1962년 11월 프랑스와 영국이 공동으로 초음속 여객기를 개발하겠다고 발표하였고 미국의 최대 항공사였던 Pan Am팬 암은 이 여객기에 대한 계약 의지를 밝힌 것이다. 이제 SST는 미국이 독자적으로 가진 비전에서 반드시 주도권을 선점해야 하는 국제적 경쟁으로 변모하였다. 케네디 대통령의 1963년 연설문을 보면 이미 시작된 경쟁에서 도태될 수 없다는 강렬한 의지와 자신감을 엿볼 수 있다.

> 국제 항공 경쟁의 경제와 정치, 그 어떤 것도 우리를 현재의 위치에 머물러 있도록 허락하지 않습니다. 초음속 비행은 오늘 상업과 군사 항공의 새로운 한계를 시험하는 것으로 이 한계는 이미 군에 의해 성취되었습니다. … 이 행정부가 세계 다른 어떤 국가에서 생산된 것보다 우월한, 상업적으로 성공할 수 있는 초음속 여객기의 프로토타입을 가장 조속한 시일 내에 개발하는 새 프로그램을 당장 시작해야 한다는 것이 저의 판단입니다.
>
> Neither the economics nor the politics of international air competition permits us to stand still in this area. Today the challenging new frontier in commercial aviation and in military aviation is a frontier already crossed by the military: supersonic

flight. ⋯ [I]t is my judgment that this Government should immediately commence a new program in partnership with private industry to develop at the earliest practical date the prototype of a commercially successful supersonic transport superior to that being built in any other country of the world.[27]

1963년 FAA는 초음속 여객기의 설계를 공모하였고 3개의 항공기 제조사(Boeing, Lockheed, North American)와 3개의 항공기 엔진 제조사(GE, Pratt & Whitney, Curtiss-Wright)가 참여하였다. 1964년 마침내 제안서가 제출되었고 NorthAmerican노스아메리칸과 Curtiss-Wright커티스-라이트는 평가 초반에 일찌감치 탈락하며, SST의 개발은 Boeing과 Lockheed, GE와 Pratt & Whitney 간의 경쟁으로 굳혀졌다. 수년간에 걸친 설계 변경을 거쳐 결국 1967년 Boeing의 737-390이 낙점을 받게 되었고 이 모델은 B2707이라는 이름으로 알려지게 되었다.

하지만 SST를 지지했던 케네디 대통령은 1963년 11월 22일 암살되었고, 그의 뒤를 이어 부통령이었던 린든 B. 존슨이 대통령에 취임하면서 SST를 향한 기류도 미묘하게 바뀌기 시작하였다. 린든 대통령은 취임 후 얼마 되지 않아 SST에 대한 대통령자문위원회President's Advisory Committee on Supersonic Transport를 구성하였다. 이 자문위원회는 국방부 장관, 상공부 장관, NASA 국장, FAA 청장, CIA 국장과 체이스 맨해튼은행 이사 등 쟁쟁한 멤버들로 구성되었다. 2017년에 보안 해제되어 일반에 공개된 SST 자문위의 회의록을 보면 1964년 이미 SST의 경제성과 소닉붐sonic boom, 두 가지 이슈에 대해 행정부 내에 회의적인 시각이 팽배했음을 알 수 있다.

존슨 행정부의 수뇌부에서 SST의 존속을 놓고 고민하는 동안 Boeing

을 비롯한 항공 제조 업계의 고민은 타이타늄이었다. Boeing은 이 초음속 여객기가 마하 2.7 이상의 속도로, 보통의 여객기의 운항 고도보다 훨씬 고고도에서 비행한다는 야심찬 목표를 갖고 있었다. Boeing 707과 747 기종의 고도 3만 2,000~3만 5,000피트에서 운항하는 반면 B2707은 6만 2,000피트라는 고고도에 운항하는 것을 목표로 하였다.[28] 고고도에서의 극저온에도 불구하고 초음속에서 발생하는 표면 마찰로 이해 비행기 동체가 가열될 것이므로 A-12와 마찬가지로 동체를 타이타늄으로 제작할 수밖에 없었다. Boeing의 설계에 따르면 B2707은 무게 340톤의 90%가 타이타늄으로 구성되어 있으며, 거의 대부분 Ti 6Al-4V 합금이 사용되었다. Boeing의 기존 항공기인 707과 747이 모두 알루미늄 구조물로 되어 있었던 점을 고려하면, 타이타늄을 주요 소재로 사용하기로 한 결정은 Boeing으로서도 혁신적인 선택이었다.

B2707의 경쟁 상대였던 콩코드의 경우 훨씬 현실적인 방식이 채택되었고, 타이타늄을 거의 사용하지 않고 전통적인 알루미늄 동체로 만들어졌다. 이는 여객기가 마하 2.0 이하로 속도로 비행할 수밖에 없게 된다는 것을 의미했다. 알루미늄 동체가 버틸 수 있는 최대 온도는 127°C, 마하 2.0 이상의 속도는 표면 마찰열로 인해 알루미늄 동체가 견딜 수 없을 것이기 때문이었다.[29]

당시 Boeing에서 747기종을 개발하는 데 참여했던 조 셔터Joe Sutter의 회고에 따르면, Boeing 내부에서는 수용할 만한 가격으로 B2707의 동체 fuselage를 타이타늄으로 제작할 수 있을지에 대한 의문을 갖고 있었다. 그러한 와중에 1960년대 후반 Boeing의 사장이었던 손턴 윌슨Thornton Wilson은 미 국무부로부터 비밀스러운 제안을 받게 되었다. 이는 뜻밖에도 소련 과학자들과의 면담이었다. Boeing에서 SST 프로그램에 수석 엔지니어로 참여하고 있던 밥 위딩턴Bob Withington과 셔터는 프랑스 파리로 날아가 국무부가 주선한 식당에서 소련 과학자들과 '호혜적인 정보 공유(a mutually beneficial exchange of information)'의 기회를 갖게 되었다. 위딩턴이 소련 측에 알고자 했던 것이 바로 타이타늄의 성형과 가공에 대한 기술이었다. 소련 측에서 Boeing 측에 알고자 했던 부분은 Boeing이 항공 엔진을 동체가 아닌 날개에 배치한 이유와 그의 이점에 대한 부분들이었다. 셔터의 회상에 따르면 소련 과학자들은 이날 대화에서 나눴던 기술적인 내용들을 식당 냅킨에 적어 갔다. ("A lot of valuable American technological know-how went to Russia courtesy of that French linen.") 이후 소련이 개발한 최초의 대형 여객기 IL-86은 Boeing의 B747과 거의 흡사한 모습으로 등장하였다.[30]

베트남 전쟁을 치르며 미국과 소련이 치열한 냉전 상태에 있었던 상황을 감안하면 국무부가 이러한 면담을 계획하고 주선하며, 당시 Boeing이 야심차게 준비하고 있었던 747 기종에 관한 기술적인 내용까지 제공하면서까지 타이타늄에 대한 소련의 노하우를 얻고자 한 사실은, 당시 SST 프로그램을 성공시키기 위해 미국이 얼마나 절박하였는지는 보여주며 동시에 타이타늄에서는 당시 소련이 미국보다 기술적으로 앞서 있었던 점을 시사하고 있다.

1960년대 후반이 되면서 베트남 전쟁에 대한 반전 운동과 환경 운동 등 미국 내의 달라진 정치 상황과 사회적 분위기가 형성되었다. 특히 1964년 오클라호마Oklahoma에서 행해진 소닉붐의 시험으로 인해 부정적인 여론이 형성되었고, 1967년 소닉붐반대시민연합Citizens League Against the Sonic Boom 등이 결성되며 미국 시민환경운동의 시초가 되었다. 또한 1969년 인간을 달에 보내는 아폴로 프로그램의 성공은 아이러니하게도 SST에 대한 관심을 감소시키는 결과를 가져왔다. 결국 1971년 미 상원과 하원은 SST 프로그램의 취소를 결정하였다. 이 우주과 군사적 패권을 향한 SST

프로그램의 취소는 타이타늄 수요 증가에 많은 기대를 걸고 있었던 미국 타이타늄 업계에는 큰 타격이었다.

Boeing 2707 mock-up

반면 대서양 반대편에서 영국과 프랑스는 1969년 콩코드의 시험 비행을 끝내고 1971년부터 생산에 돌입하였다. 영국과 프랑스가 100% 정부 예산으로, 22억 파운드(현재 가치로 약 350억 파운드, 2021년 환율로 약 56조 원)라는 막대한 자금을 투입하여 개발한 콩코드는 그러나 총 16대만이 생산되었고, 이 중 9대만 British Airway브리티쉬 에어웨이와 Air France에어 프랑스에 판매되었다. 앞서 미국에서도 이슈가 되었던 소닉붐과 항공 수요 등 여러 가지 제약으로 인해 런던~뉴욕, 파리~뉴욕 노선만이 개설되었고 1976년부터 운항을 시작하여 2003년에 종료되었다.

SST 프로그램은 비록 무위로 끝이 났지만 타이타늄 기술에서 이룩한 성과에 대해서는 짚고 넘어갈 필요가 있다. 1974년 Boeing이 연방항공청

Federal Aviation Administration(FAA)에 제출한 '타이타늄 구조물 기술 요약서 「Titanium Structures Technical Summary, DOT/SST Phase 1 and Phase 2」' 보고서는 다음과 같이 밝히고 있다.

> 미국 초음속 여객기(SST) 프로그램은 용해, 브레이징, 용접 그리고 항공기 구조적 분석과 관련된 타이타늄 기술에 있어 많은 중요한 발전을 가져왔다. DOT/FAA는 SST 개발 중 얻게 된 중요한 성과들에 대해 기록하고 미국의 우주항공과 다른 산업 기술에 가장 유용할 것으로 선택된 기술 영역들을 확대하기 위해 2단계의 후속 프로그램을 지원하였다.
> The U.S. Supersonic Transport SST program resulted in many significant developments in titanium technology such as metallurgy, brazing, welding, and aircraft structural analysis. A two-phase follow-on program was funded by DOT/FAA to document areas of significant development completed during the SST effort and to expand selected technological areas most applicable to future American aerospace and other industry technology.

본 보고서에는 타이타늄 합금과 항공기 부품 제조를 위한 기술과 관련된 많은 데이터가 포함되어 있으며, Lockheed가 A-12의 개발을 통해 타이타늄에 대한 노하우를 축적한 것과 같이 Boeing 역시 SST를 통해 이 분야에서 상당한 기술적 경험을 얻게 되었음을 짐작하게 한다. 무엇보다도 무위로 끝난 프로그램을 단순히 실패로 간주하지 않고, 그 과정에서 얻게 된 결과물에 대한 치밀한 분석과 기록을 남겼다는 점은 우리에게 시사하는 바가 크다.

마블의 타이타늄맨과 냉전

1965년 마블 코믹스가 발간한 아이언맨의 'Tales of Suspense'편에는 타이타늄맨이 새롭게 등장한다. 타이타늄맨은 미국의 아이언맨에 대해 대항하기 위해 반미 성향을 지닌 우크라이나 출신 소련 과학자 보리스 불스키(Boris Bullski)에 의해 창조되었다. 아이언맨의 아머수트를 모방하되 타이타늄으로 만들어진 이 수트는 우수한 공격력과 강도를 지니고 초음속으로 비행할 수 있는 능력을 갖추었으며, 특히 우주에서의 비행에서 아이언맨의 수트에 비해 더욱 우월한 성능을 보인 것으로 알려졌다. 하지만 불스키가 타이타늄맨을 창조하면서 생산 기술의 제한으로 정밀 부품을 생산하지 못하면서 타이타늄맨은 엄청난 크기로 제작될 수 밖에 없었다. 타이타늄맨은 아이언맨에 대해 물리적인 우위를 점하였으나 아이언맨이 가진 기술적 파워를 극복하지 못하고 패배하였다. 이후 타이타늄이 첨가된 크롬강철합금을 사용하던 아이언맨의 아머수트 역시 3세대(mark III)로 오면서 타이타늄 95%에 금이 5% 포함된 합금으로 변화하게 된다.

아이언맨과 타이타늄맨의 대결은 그 자체로 미국과 소련 간의 군사 경쟁을 상징하고 있으며 이러한 시대상을 정확하게 반영한다고 할 수 있다. 'Tales of Suspense'편에서 아이언맨인 토니 스타크(Tony Stark)는 아이언맨 수트에 대한 비밀을 정부에 공개하라는 미 상원의원 버드(Byrd)에 압력에 고민하다 결국 '세계 곳곳에서 위험에 빠진 생명을 구할 수도 있는 것은 국가이며 그러한 국가에게서 아이언맨 수트의 비밀을 알려주지 않을 권리는 내게 없다'라는 판단을 하며 의회에 증언을 하기 위해 나선다. 이때 타이타늄맨이 아이언맨을 가로막으며 "당신은 우리가 절대로 당신이 미 의회에서 증언하도록 놔둘 리 없다는 것을 알았어야 한다. 그 아머의 비밀이 당신 국가의 군사력에 제공되어서는 절대 안 된다(You should have know we would never permit you to testify before your Congress. The secret of armor must never be given to your own military forces)."[31]라고 말한다.

물론 허구이긴하지만 당시 아이언맨에서 시사하고 있는 바는 크다. 우선 당시 미국에서 타이타늄이라는 신금속에 대해 이미 대중적으로 널리 알려져 있었으며 아이언맨의 작가였던 스탠 리(Stan Lee)는 타이타늄의 특성에 대해 잘 이해하고 있었다는 점이다. 타이타늄맨이 우주비행에서 최적화되어 있었던 점등 우주항공 소재로서의 타이타늄의 특성이 잘 부각되어 있다. 또한 타이타늄에 있어서 소련이 기술적으로 앞서있었던 현실이 잘 반영되어 있다고 할 수 있다.

(출처: 위키피디아, Dedman 2016)

1970년대: 주요 전투기들의 등장

1971년의 SST 프로그램의 종료로 인해 미국 타이타늄 업계는 불황에 빠지게 된다. 하지만 1960년대의 다양한 시도와 기술적 발전에 힘입어 신형 전투기들이 연달아 개발되고 생산에 돌입하면서 타이타늄 업계는 어느 정도 회복세를 보이게 된다. 1970년대 등장하는 전투기들은 블랙버드와 같이 동체 전부를 타이타늄으로 제작하기보다는 전투기의 기술적 요구도, 타이타늄의 강점, 경제성 등을 모두 고려한 수준에서 타이타늄을 적절히 사용하는 방식으로 변화되었다고 볼 수 있다. 1970년에 첫 비행을 선보인 F-14 Tomcat의 경우 미 해군의 요청으로 그루만Grumman에 의해 함재용 전투기로 개발되었다. 주로 날개 부분과 전면 동체를 타이타늄으로 제작하였으며, 총 중량의 25%를 타이타늄으로 사용하여 기체 중량을 줄임으로써 함대에서도 운용이 가능하게 하는 동시에 마하 2.3의 초음속으로도 비행이 가능하였다.

1972년에는 미국 전투기의 전설로 여겨지는 F-15 Eagle이 선을 보이게 된다. 베트남 전쟁에서의 공중전을 계기로 공중 우세air superiority의 필요성을 절감하게 된 미 공군이, 공중에서 적 요격만을 최우선으로 하는 전투기의 개발을 시작하였고, 1969년 지금은 Boeing에 합병된 맥도널 더글라스McDonnell Douglas사의 디자인이 채택되었다. F-15의 경우에는 기체의 50%는 알루미늄으로, 34%는 타이타늄을 사용하였다. 전면 동체는 전형인 방식대로 알루미늄이 사용되었지만 중심부 동체의 구조를 이루는 벌크헤드와 후면 동체와 날개 뼈대spar 등 중요 파트는 대부분 타이타늄을 사용하였다.

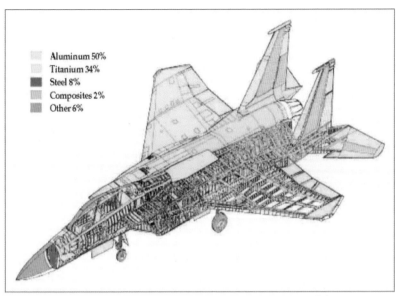

Structural materials in the F-15E Strike Eagle consist mainly of titanium and aluminum.

F-15의 부위별 소재 사용

Aluminum 50%
Titanium 34%
Steel 8%
Composites 2%
Other 6%

(출처: ASM International, 2000)

2007년까지 총 1,198대가 생산되었으며 현재까지도 운용 중인 F-15는 수많은 버전을 거쳐 F-22 Rapter랩터가 등장할 때까지 세계 최강의 전투기로 군림하였다. 이후 미국에서 개발된 전투기의 타이타늄 비중은 20%대로 다시 감소하였으나 F-22 랩터가 타이타늄을 40% 가깝게 사용하며 다시 증가하였다.

비록 비중은 낮다 하더라도 타이타늄의 절대적인 필요 중량 면에서 보자면 Rockwell록웰사가 생산한 B-1A Lancer를 빼놓을 수 없다. 길이가 약 43m에 폭 약 42m의 크기이며, 87톤 중량을 가진 B-1의 경우 타이타늄 비중이 약 20%에, 약 17.4톤에 불과하였지만 이를 위한 타이타늄 구매 필요량buy weight은 약 82.6톤에 달하였다. 이는 다음으로 많은 구매 필요량

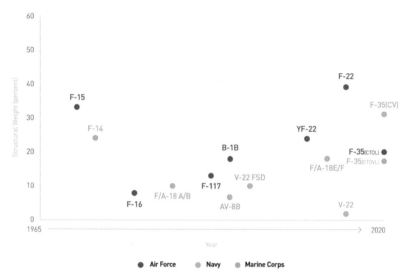

미국 전투기의 타이타늄 비중

(출처: Rand, 2009, 저자 재구성)

을 가진 B747 JT-9 기종의 구매 필요량인 42.5톤에 거의 두 배에 달하는 양이었다.[32]

미국의 초음속 폭격기로 개발된 B-1A는 1974년에 처음 비행을 시작하였고, 2021년 현재까지도 미 공군이 운용하는 전략 폭격기 3종 중 하나로 남아 있다. 마하 2.2의 초음속으로 비행할 수 있으며 0.85의 저속으로 저고도에서 비행할 경우 장거리 비행이 가능하였다. 하지만 거의 같은 속도와 비행거리를 가진 AGM-86 크루즈 미사일이 개발되면서 1977년 생산이 취소되었다. 이후 1981년 B-2 스텔스 폭격기 프로그램이 지연되면서 다시 재생산에 들어가게 되었는데, 이 기종이 B-1B이다.

초반에는 B-1A가 저고도에서 마하 1.2의 속도로 비행하도록 설계되었고, 따라서 동체와 날개 등 주요 부위가 알루미늄이 아닌 타이타늄으로 제작되는 것으로 계획되어 있었다. 하지만 저고도에서 훨씬 낮은 속도인 마하 0.85의 속도로 비행하며 생산비를 절감하기 위해 타이타늄 대신 알루미늄의 비중을 높이는 것으로 변경되었다. 이에 따라 타이타늄은 전면 동체, 날개박스wing carry-though box, 엔진 등의 부위에만 사용되는 것으로 축소되었다.

우주 프로그램에 대한 미국의 투자 역시 계속되었다. 아폴로 11호가 달 착륙에 성공한 후 NASA는 예산 확보와 우주 프로그램에 대한 관심을 지속시키기 위해 몇 가지 프로그램을 제안하였고, 이 중 지구의 저궤도에서 공전하는 스페이스 셔틀Space Shuttle 프로그램이 채택되었다. 공식적으로 Space Transport System(STS)라고 불린 이 사업은 공식적으로 1972년에 시작되었다. 1977년 엔터프라이즈Enterprise호가 총 16회에 거쳐 이륙·비행·착륙을 위한 테스트를 거치게 되었고, 이 결과를 바탕으로 1981년 콜럼비아호가 54시간 동안 지구 궤도를 돌다 성공적으로 복귀한다.

STS 프로그램에서 타이타늄은 극저온에서도 높은 강도를 유지하는 특성으로 인해 주요 소재로 주목받았다. NASA는 스페이스 셔틀의 메인 엔진, 특히 주조casting 방식으로 생산된 액체 수소 터보 펌프의 소재로 Ti 6Al-4V와 Ti-5Al-2.5Sn(알루미늄 5%와 주석 2.5% 함유) ELI 소재를 중점적으로 비교·테스트하였다. 70°F(약 21°C)와 화씨 -423°F(약 -252°C)에서 Ti 6Al-4V 합금이 더 우수한 강도를 보였지만 Ti-5Al-2.5Sn ELI가 더욱 우수한 연성ductility을 보였으므로 주요 엔진 소재로 채택되었다.[33]

1980년대: 민간 항공기 시장의 도래

현재의 민항기 시장은 미국의 Boeing과 유럽의 Airbus에어버스가 거의 양분하고 있지만 1916년 윌리엄 보잉William Boeing에 의해 Boeing이 설립

될 당시만 하더라도 미국은 영국, 프랑스, 독일과 같은 서유럽 국가들에 뒤이은 후발주자에 불과하였다. 제1차 세계대전 당시 영국은 5만 2,440개, 프랑스는 5만 1,000개, 독일은 4만 8,000개의 비행기 동체를 생산한 반면, 미국은 이들 국가의 설계와 기술에 의존할 수밖에 없었으며 약 1만 3,111개의 동체를 생산해내는 데 그쳤다.[34] 하지만 제2차 세계대전이 발발하면서 이러한 상황은 완전히 역전되어 1941~1945년 동안 소련과 영국이 각각 13만 7,271대와 11만 9,000대의 전투기를 생산하는 동안 미국은 30만 대의 전투기를 생산하기에 이른다. 즉, 1950년대가 되면 미국은 자력으로 비행기를 제조할 산업적 기반을 갖추고 세계 시장에서 선도적 위치에 이르게 된 것이다.

제1차 세계대전 종전 후 유럽에서는 민간을 대상으로 한 상업적 비행을 시도하려는 노력이 있었으나 폭격기를 개조한 비행기의 불편한 경험과 막대한 경비로 인해 승객을 확보하는 데 어려움을 겪었다. 반면 미국의 경우 Boeing 247이나 Douglas사의 DC-3와 같은 여객기가 개발되고, 미국 국토의 지리적인 크기로 인해 항공 수송의 수요가 자연스럽게 발생하면서 민간 시장이 형성되기 시작했다. 1969년 미 항공·방산 업체들의 전투기 매출 금액이 100억 달러, 민간 항공기 매출액이 41억 달러였던 반면 1979년 이 수치는 전투기 매출 129억 달러, 민간 항공기 매출액이 151억 달러로 역전되었다. 민간 항공기 시장이 드디어 방위 산업의 규모를 넘어서기 시작한 것이다. 1970년대 중반이 되면 미국 항공기는 공산권을 제외한 전 세계 항공기 백오더backorder의 95%를 차지하고 있었으며, 1980년 초반이 되면 1975년 불황기 백오더의 3배가 넘는 수준으로 성장하였다.[35] 10년 동안 미국 정부의 우주 프로그램과 미사일 프로그램 예산이 거의 비슷한 수준에 머물렀던 점을 보자면 민간 항공기 시장은 그야말로 폭발적인 성장세를 보이는 시장이었다.

이러한 민간 항공기 시장의 성장을 단순히 항공기 제조 업체의 노력의 결과로만 간주하기에는 무리가 있다. 미국 국방부와 안보 담당자들에게 미국의 항공 산업은 그 자체로 국가 안보에 중요한 가치를 지니고 있었다. 직접적으로 전투기의 경우, 항공기와 동일하거나 비슷한 부품이 사용되는 경우, 전반적인 생산 원가를 하락시킬 수 있고, 전투기의 정비와 운영을 위한 인력들이 민간 항공 산업에 의해 유지될 수 있다는 장점이 있었다. 간접적으로는 미국의 국방 예산의 변동으로 인한 리스크를 항공 업체들이 민간 항공 분야에서 얻어 들인 수익에 의해 상쇄될 수 있는 측면도 있었다. 전시戰時를 가정한다면 항공 업체들은 국가에 필요에 따라 언제나 전투기 등 무기 체계를 생산해낼 수 있는 국내 산업 기반 유지를 위해서도 중요하였다.[36]

반면 민간 항공기 생산은 엄청난 리스크를 수반하는 산업이었다. 항공기 기종의 개발과 생산에는 막대한 자본이 필요하며 그로 인해 손익 분기점 역시 매우 높았다. 단적인 예로 Boeing이 747 기종의 개발을 위해 1965년부터 1969년 사이 지출한 금액만 12억 달러에 달했는데, 이때 Boeing의 회사 가치는 3억 7,200백만 달러였다. 한 번의 기술적 실패는 기업 전체를 파산에 이르게 할 수 있을 만큼 치명적이었는데, Rolls Royce롤스로이스가 Lockheed의 L-1011 항공기의 엔진 팬 블레이드를 모두 복합재로 개발하려고 했으나 실패로 돌아갔고, 결과적으로 항공기 개발이 연기되면서 1971년 Lockheed는 파산 직전까지 몰렸다. 정부가 2억 5,000만 달러의 지불 보증을 한 후에야 위기를 모면할 수 있었고, 이것을 계기로 Lockheed는 민간 항공기 시장에서 완전히 철수한다. 이러한 상황은 '정부는, 상업적 잘못이 무엇이든, 주요 방산 업체가 결코 파산하도록 용인하지 않는

(the government simply will not allow a major defense contractor to fail completely, whatever its commercial sins)'[37] 선례를 남겼다.

경제적인 측면에서도 미국의 항공 산업은 최대 수출 산업이었으며, 1980년대 미국이 막대한 무역 적자를 기록하던 시기에도 항공기 수출액은 급격히 증가하였다. 1990년 후반 Airbus가 Boeing의 경쟁 업체로 굳히기까지 미국의 항공 업체들은 전 세계 항공 시장을 사실상 독점하였다. 더불어 1980년대 공화당 행정부 역시 자신들의 정치적 기반인 미국 선벨트sunbelt에 위치한 항공 회사들에게 엄청난 지원을 제공하였다.[38]

타이타늄의 민간 항공기 적용을 살펴본다면, 타이타늄을 사용하여 생산된 최초의 민간 항공기는 1954년부터 비행을 시작한 Douglas사의 DC-7이다. 이 기종은 엔진 나셀과 방화벽firewalls을 타이타늄으로 제작하였고 이를 통해 약 90kg의 중량을 감소시켰다. DC-7은 제트엔진이 본격화되기 전에 생산된 마지막 피스톤 엔진 항공기이며, 피스톤 엔진 항공기 중에서 가장 빠른 속도를 기록하였다.

1965년이 되면서 타이타늄은 항공기 제트엔진의 주요 소재로 정착하게 된다. 사실 제트엔진은 제2차 세계대전이 시작하기 전부터 프로펠러 엔진의 한계를 느낀 기술자들에 의해 개발 시도가 있었다. 1939년 독일의 Heinkel하인켈사가 제조하고 엔지니어인 한스 본 오하인Hans von Ohain이 만든 제트엔진을 장착한 He178이 최초의 제트엔진기로의 비행에 성공하였다. 1950년대가 되면서 거의 모든 비행기들이 제트엔진을 장착하여 비행하게 되었다. 제트엔진은 엔진 전면에 위치한 압축기compressor를 통해 흡입된 압축 공기에 엔진 내부에서 연소시킨 고온 고압의 가스를 분출시켜 그 반동에 의해 추진력을 얻게 된다. 타이타늄은 바로 이 압축기의 날개인 터빈의 블레이드에 주로 적용된다. 경량소재인 타이타늄은 회전체의

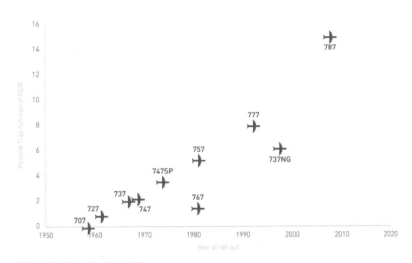

비행기 중량 대비 타이타늄 중량

(출처: Rodney, 2010, 저자 재구성)[40]

무게를 감소시켜 회전 속도를 높이고, 공기의 압축에 따라 상승된 온도에 대한 내열성도 우수하여 제트엔진에 최적화된 소재였다. 타이타늄의 생산과 공급이 안정화되면서 미국의 엔진 제조사인 GE가 만든 엔진에서의 타이타늄 비중은 1955년 J79 엔진의 2% 비중에서 1960년 J93 엔진 7%, 1965년 GE4 엔진 12%, TG39 엔진 32%로 점차 증가하였으며 이러한 과정에서 스테인리스 스틸의 사용은 85%에서 15%로 감소하였다.[39]

엔진 소재를 넘어선 항공기 전체 소재 측면에서 보자면 타이타늄의 비중은 아직도 제한적이었다. Boeing의 첫 제트 여객기인 B707이 등장하면서 엔진 소재로 타이타늄을 사용하기 시작하였지만 총 기체 중량에서도 타이타늄의 비중은 0.5% 정도에 그쳤다. 1980년대에 이르러서야 항공기에서 타이타늄의 중량 비율은 4~6%까지 증가하였다. 타이타늄 산업에서 민간 항공기의 등장은, 비록 전투기에 비해 여객기가 훨씬 낮은 타이타늄 비율을 갖고 있을지라도 여객기가 전투기의 거의 10배 가까운 중량을 갖고 있으며 생산 대수 역시 훨씬 많다는 점에서 의미가 있었다. 또한 국가의 국방 정책과 예산 편성에 의해 급격한 영향을 받는 방산 프로그램에 비해 민간 항공 시장은 훨씬 큰 잠재력을 가진 시장이었다. 민간 항공 시장이 성장하면서 타이타늄 시장은 훨씬 안정적인 수요를 갖게 되었다.

1990년대~현재: 타이타늄 산업의 성숙기

1980년대 민항기 시장의 도래와 함께 타이타늄 산업은 방산에만 전적으로 의존하던 사업구조를 더욱 다양한 영역으로 확장할 수 있게 되었다. 또한 무기 체계 안에서도 전투기와 미사일의 범주를 벗어나 육군과 해병 대용 무기 체계에도 적용되었다. 이러한 변화는 타이타늄이 다른 무기 체계에 적용될 만큼 가격이나 생산 기술면에서 안정화되었다고 볼 수 있다.

1996년 미 의회는 주요 전투 탱크의 경량화 프로그램을 위해 2003년까지 매년 250톤가량의 스펀지 방출을 의결하였고, 이 당시 프로그램의 일환으로 탄생한 전차들이 M1A2 Abrams 탱크 등이 있다. 이 타이타늄 스

M1A2 Abrams 탱크

(출처: 위키피디아)

편지는 무상으로 육군에게 제공되었고 육군은 수송비 등 부가 비용만을 부담하였다. 이렇게 하여 M1A2 Abrams 탱크의 경우 타이타늄을 적용한 경량화 사업을 통해 총 중량의 약 30%를 줄였다고 알려져 있다.[41] 이후 타이타늄은 한국에서도 널리 알려진 M2A2 Bradley브래들리 전차의 포탑과 터렛 부분에도 적용되었다. 이러한 포탑과 터렛 부분에서의 경량화는 전투 시 기동력을 높여 신속한 태세 전환이 가능하다는 장점이 있다.

2005년도에 생산되기 시작한 BAE Systems의 M777 곡사포 역시 주어진 목표 달성을 위해 타이타늄을 획기적으로 사용하여 개발된 무기 체계이다. 영국의 BAE Systems에 의해 미 해병대와 육군을 위해 개발되었으며, 이후 미국 판매를 위해 생산과 조립을 '미국화'시켰다.[42] M777은 항공기에 적용되던 Ti-6Al-4V 합금의 주조품을 사용하여 기존의 곡사포 M198 모델의 7.1톤보다 41%나 가벼운 4.2톤의 중량을 갖고 있어 헬리콥터나 수송기로 이동이 가능하게 하였다 또한 미 육군의 '20년 부식 테스트'도 성공적으로 통과하였다. 다만 타이타늄 소재의 사용으로 인한 높은 가격은 M777의 단점으로 지적되었다. 2018년 인도 정부는 145대의 M777 곡사포를 5억 4,200만 달러에 구매한다고 발표하였는데, 이는 1대당 약 370만 달러에 해당한다.[43]

M777 곡사포

1997년에는 현 시점에서 최강의 전투기로 불리는 F-22가 첫 선을 보이게 된다. F-22의 시작은 1981년으로 거슬러 올라가는데, 미 공군에서는 F-14와 F-15를 대체할 전략 전투기의 개발을 모색하기 시작한다. 새로운 전투기는 경량 합금과 복합재 소재를 적용하며 강화된 스텔스 성능과 더 강력한 엔진 추진력을 가진다는 개념을 바탕으로 1986년 Lockheed Martin 록히드마틴과 Northrop노스롭 2개사가 우선 선정되었다. Lockheed는 Boeing과 General Dynamics제네럴다이내믹과 팀을 이루고 Northrop은 McDonnell Douglas와 팀을 이루어 각각 YF-22와 YF-23의 시모델을 생산해냈다. 1990년에 행해진 시험 비행 후 1991년 공군 장관은 Lockheed가 생산한 YF-22 모델과 Pratt & Whitney프랫앤휘트니의 엔진을 최종 선정하였다.

최초의 계획은 1994년부터 총 443억 달러를 투입하여 750대의 F-22를 생산하는 것이었지만, 예산 문제로 인해 1990년 국방장관이었던 딕 체니

F-22 Raptor

(출처: Flickr, public domain)

Dick Cheney의 주도로 1996년부터 648대를 생산하는 것으로 축소되었다. 1997년에는 339대, 2003년 277대, 2004년 183대로 계속 감소되는 등의 우여곡절을 겪다 2008년에야 미 의회는 총 187대를 생산하는 것으로 결정하였다.[44] 1998년 미 의회는 F-22에 해외 수출을 금지하는 법안을 통과시켰으며, 결과적으로 F-22는 해외 수출이 불가능해졌다.[45]

타이타늄의 측면에서 보자면 F-22는 타이타늄 정밀 주조품(인베스트먼트 캐스팅)이 적용된 최초의 고성능 전투기라고 할 수 있다. Lockheed Martin은 전체적인 부품 숫자를 줄이고, 제조 공정을 단순화시켜 원가를 인하시키기 위해 기존에 단조품으로 만들어지던 구조물 파트를 주조품으로 대체한다는 계획을 가지고 있었다. 이는 기존에 단조품 5종과 판재 3종으로 구성된 후방 Side of Body를 주조품 2종과 판재 1종으로 생산한다는 것이었다. 하지만 실제로 주조품을 생산하는 과정에서 개재물, 기공, 용접 불량 등 예상치 못한 많은 문제점들이 발생하였는데, 이를 검사하고 개선해 나가는 과정에서 많은 난관을 겪게 되었다. 결국 최종 설계는 형단조품 5종을 용접하여 조립하는 방식으로 결정되었다.[46]

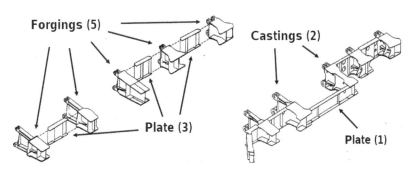

기존 단조 방식 Vs. 주조 방식 비교

(출처: Phelps, 2012)

마지막으로 최근 타이타늄 산업의 입장에서 가장 의미 있는 전환점은 Boeing의 787 기종의 개발일 것이다. 1990년대 후반 767과 747-400 기종의 인기가 시들해지면서 Boeing은 새로운 기종의 개발에 착수하게 되고 2003년에 신기종 프로젝트의 시작을 선언하였다. 이렇게 해서 개발된 것이 787 기종이다. Dreamliner라는 애칭을 가진 787 기종은 항공기 역사상 최초로 복합재 단일 구조물 동체를 사용하는 등 항공기 소재에서 복합재의 비중을 50% 이상으로 증가시키는 획기적인 변화를 가져왔다. 기존의 항공기에서 50% 이상의 비중을 차지하던 알루미늄의 비중을 20%로 줄이고 이를 복합재로 대체하는 반면, 타이타늄의 비중을 15%까지 증가시켰다. 이러한 선택은 알루미늄이 복합재와 접촉하며 화학반응을 일으키는 반면, 타이타늄은 그러한 반응에서 자유롭다는 점과, 타이타늄이 알루미늄에 비해 온도 변화에 따른 열팽창의 정도가 더 낮다는 점에서 기인하였다.

　하지만 1기당 2억 6,000만 달러의 787 기종에서 1,700만 달러에 달하는 타이타늄 구매액은 Boeing에게는 분명 부담으로 작용하고 있으며, 이를

항공기 기종별 타이타늄 구매 필요량

항공기 기종	최초 비행연도	타이타늄 구매 필요량(ton)
B737	1967	18
B777	1994	64
B747	1969	76
B787	2009	116
A320	1987	12
A330	1992	18
A340	1991	32
A350 XWB	2013	135
A380	2005	146

(출처: TIMET Form 10-K, 2011)

타파하기 위해 Boeing은 타이타늄의 비중을 다른 대체제를 통해 감소시키기 위해 노력하고 있다.[47] 비싼 가격이라는 타이타늄의 단점에도 불구하고 더 효율적이고 더욱 경량화된 항공기 제작이라는 추세는 변하지 않을 것이며 그러한 측면에서 타이타늄은 향후에도 주요 항공 소재로 남아 있을 가능성이 크다. 앞의 표에서 볼 수 있듯이 Airbus와 Boeing 모두 항공기 1대당 타이타늄 구매 필요량이 점점 증가하고 있는 추세이다.

정리해보자면, 타이타늄 산업은 1950년부터 시작된 냉전 시대와 1990년 이후 탈냉전 시대를 거치면서 시대적 상황에 따른 필요에 의해 탄생하고 성장하였다. 그 시작은 정부의 강력한 주도하의 국방 정책과 우주항공 프로그램에 의해서였다. 그 사이 타이타늄 산업은 충분한 기술을 축적하고 안정된 생산 기반을 구축할 수 있었다. 1980년대 타이타늄의 민간 항공 분야로의 시장 확대는 방위 산업에 적용된 기술이 민간 영역으로 전파spillover되어 활용되는 전형적인 사례라고 할 수 있다. 하지만 이토록 전례가 없을 정도로 미국 정부가 타이타늄 산업을 지원하였고 냉전 시대 군사 경쟁에서 타이타늄이 핵심적인 역할을 하였다 하더라도, 그 생산의 주체는 결국은 민간 기업이었다. 다음 장에서는 산업의 직접 행위자인 기업에 대해 다루려고 한다.

1   *Titanium: Past, Present, and Future*, National Materials Advisory Board, 1983.

2   "Low Cost Titanium-Myth or Reality", Paul C. Turner, 2001, https://www.osti.gov/servlets/purl/899609.

3   "Titanium: Past, Present, and Future", National Materials Advisory Board, 1983.

4   "Titanium on Display", New York Times, August 24, 1950.

5   https://www.globalsecurity.org/military/world/russia/industry-titanium.htm

6   "Titanium: Past, Present, and Future", National Materials Advisory Board, 1983.

7   http://www.fundinguniverse.com/company-histories/titanium-metals-corporation-history/

8   Titanium: A Materials Survey-Jesse A. Miller-Google Books, p.136.

9   "Stockpile and accessibility of strategic and critical materials to the United States in time of war", Hearings before the Special Subcommittee on Minerals, Materials, and Fuel Economics of the Committee on Interiod and Insular Affairs, United States Senate, 1954.

10 The History of Metals in America, Carles R. Simcoe, 2018

11 Stockpile and Accessibility of Strategic and Critical Materials to the ⋯ United States. Congress. Senate. Committee on Interior and Insular Affairs. Special Subcommittee on Minerals, Materials and Fuels Economics-Google Books.

12 "Structure and Performance in the Titanium Industry", Francis G. Masson, The Journal of Industrial Economics, Jul., 1955.

13 "Metals: Fiasco in Titanium?", Time, Sep 16, 1957.

14 Op. Cit, Francis Masson.

15 Stockpile and Accessibility of Strategic and Critical Materials to the ⋯ United States. Congress. Senate. Committee on Interior and Insular Affairs. Special Subcommittee on Minerals, Materials and Fuels Economics-Google Books, p.53.

16 https://www.airforcemag.com/chronology-1950-1959/

17 Op. cit., National Materials Advisory Board, 1983.

18 미국의 저널리스트인 David Halberstam이 학계, 산업계 등 각 분야에서 근무하다 케네디 행정부의 정부 관료로 발탁되었던 엘리트들을 지칭하며 사용하였다.

19 "Design and Development of the Blackbird: Changes and Lessons Learned", Peter Merlin, 2009.

20 록히드마틴 홈페이지.

21 https://sandiegoairandspace.org/collection/item/lockheed-a-12-blackbird

22 Op. cit., Merlin.

23 https://en.wikipedia.org/wiki/Lockheed_A-12#cite_note-FOOTNOTERichJanos1994-10

24 Ibid.

25 위키피디아, "Boeing 2707".

26 "Clipped Wings: The American SST Conflict", Mel Horwitch, 1982.

27 John F. Kennedy-Address to a Graduating Class at the U.S. Air Force Academy. (americanrhetoric.com)

28 "General Description, Boeing B2707-300".

29 위키피디아, "Concorde".

30 "The Titanium Gambit", Joe Sutter, Airspacemag, March 31, 2013.

31 *May the Armed Forces Be with You: The Relationship Between Science Fiction and the United States Military*, Stephen Dedman, 2016.

32 "Introduction to Selection of Titanium Alloys," ASM International, 2000.

33 "The Development of Titanium Alloys for Application in the Space Shuttle Main Engine", NASA 홈페이지.

34 The Art of War in the Western World, Archer Jones, 2001.

35 "The Challenge of Foreign Competition: To the US Jet Transport Manufacturing Industry", The Aerospace Resaerch Center, 1981.

36 "Government Support of the Large Commercial Aircraft Industries of Japan, Europe, and the United States."

37 "Aerospace and National Security in an era of Globalization", Theodore Morgan, Science and Technology Policy in Interdependent Economies.

38 "The History of the Aerospace Industry", Glenn Bugos, The Prologue Group.

39 "Titanium: Past, Present, and Future", National Materials Advisory Board, 1983.

40 "Titanium and Its Alloys: Metallurgy, Heat Treatment and Alloy Characteristics", Rodney R. Boyer, December 2010

41 Brij Roopchand, "Ballistic Properties of Single-melt Titanium Ti-6Al-4V Alloy", 2006.

42 BAE Systems 홈페이지.

43 BAE Systems Wins $542 Million Indian Contract For M777 Howtizers(defensedaily.com).

44 위키피디아.

45 Department of Defense Appropriations Act, 1998.

46 A Review of Titanium Casting Development for the F-22 Raptor", Hank Phelps, 2012.

47 "Boeing looks at pricey titanium in bid to stem 787 losses", Reuters, Ju 24ne, 2015.

제3장
타이타늄 산업

타이타늄 산업

The surviving titanium producers of that period, deserve a lasting tribute
for their faith and perseverance.
살아남은 타이타늄 생산자들은 그들의 신념과 인내심에 대해
오랜 찬사를 받아 마땅하다.

지금의 세계 타이타늄 시장은 소위 'Big 4'라고 하는 VSMPO(러시아), TIMET(미국), ATI(미국), Alconic(미국) 4개 회사가 지배하고 있으며, 이 외의 Baoji Titanium(중국), Kobe Steel(일본) 등의 소수 회사들이 나머지 시장 점유율을 차지하고 있다. 이 회사들의 탄생과 성장은 자국의 산업 정책과 방향에 적지 않은 영향을 받아왔다. 이 챕터에서는 주요 타이타늄 국가에서의 정책이 어떻게 타이타늄 산업의 기반을 형성하였는지를 살펴보면서 결국 시장을 이끌어가는 주요 행위자들인 타이타늄 기업들이 어떻게 등장하고 성장해왔는지를 다룰 것이다.

미국: 치열한 경쟁의 생존자들

미국 타이타늄 산업의 역사는 앞 장에서 살펴본바와 같이 1950~1970
년대까지의 시장 형성기와 1980년대 이후의 시장 확장기로 볼 수 있다.
즉, 1970년대까지 방산 산업에만 의존하며 시장이 형성되고 성장해오다
가 1980년대에 들어 민간 항공 분야와 화학 등 일반 산업으로 수요가 확
대되면서 시장이 확장되었다. 1950년대 정부의 강력한 지원 속에서 타이
타늄 산업이 탄생한 만큼 타이타늄 산업이 오랜 기간 안정된 성장을 향유
하였을 것이라는 짐작과는 달리 실제 기업들은 여러 번의 불황과 구조
조정을 경험하게 된다. 그리고 그 과정을 거쳐 결국 소수의 타이타늄 업
체만이 살아남으며 오늘의 과독점 구조에 이르게 된다.

1950년대 초반 미국 내에서 National Lead내셔널 리드와 E. I. 듀퐁E. I. DuPont
은 일찍부터 염료나 철강 합금 사용 용도의 이산화타이타늄TiO2을 생산하
고 있었고, 이 두 회사가 1950년대 미국 시장의 약 85%를 차지하고 있었
다.[1] 1950년대 초반 미국 정부는 금속으로서의 타이타늄의 생산 증가를
위해 타이타늄 생산 기업의 설립을 독려했다. 그 결과로 타이타늄 스펀지
생산이라는 업스트림에서는 DuPont과 Titanium Metals Corporation of
AmericaTMCA이 주도하는 가운데 Cramet과 Dow Chemical이 후발주자로
뛰어들었다. 타이타늄을 용해하여 잉고트를 제조하는 미드스트림에 있어
서는 TMCA, Mallory-Sharon Titanium Corporation, Rem-Cru Titanium,
Republic Steel Corporation, Reactive Metals 등 기업들이 등장했는데, TMCA
는 National Lead와 Rem-Cru렘-크루는 DuPont과 밀접한 관계를 맺고 있었
다. 소위 1세대라 할 수 있는 이들 타이타늄 회사들은 거의 철강 회사의
한 부서로 존재하거나 이들 기업 간 합작 회사의 형태로 존재했으며, 이
들 회사 혹은 모기업의 전체 매출에서 타이타늄 사업의 비중은 미미한

수준이었다. 철강 회사들의 경우 이미 타이타늄을 스테인리스 강종에 첨가제로 사용하고 있거나 페로타이타늄을 생산하고 있어 타이타늄에 비교적 익숙하다는 강점이 있었다. Rem-Cru Titanium의 경우 소총 등 무기 생산 업체로 유명한 Remington Arms Company와 Crucible Steel Company 간의 합작 회사로 설립되었는데, Remington Arms Company는 DuPont의 자회사였다.

한 가지 예외적인 사례는 Oregon Metallurgical Company^{Oremet}이다. 1942년 미국 광산국은 금속연구소를 설립할 부지를 찾고 있었고, 오레곤^{Oregon}주 알바니 상공회의소의 적극적인 로비 끝에 이 연구소를 알바니에 설립하기로 결정한다. 10여 년이 지난 1955년 광산국의 북서부 지부장이었던 스티브 셸턴$^{Steve \ Shelton}$은 당시 알바니 시장이었던 찰리 맥코맥$^{Charlie \ McCormack}$에게 알바니에 타이타늄 회사를 설립할 것을 제안하였다. 맥코맥의 처음 반응은 "도대체 타이타늄 공장이 무엇이냐?"였지만 그럼에도 그해 12월 Oregon Metallurgical Company가 설립되었다. Shelton은 광산국을 퇴직한 후 사장으로 Oremet에 취임했고, 이후 광산국에서 타이타늄과 지르코늄 금속 전문가였던 프랭크 카푸토$^{Frank \ Caputo}$ 등 관련 기관에서 다양한 인재들을 영입하였다. 다음 해 Oremet은 약 27kg의 타이타늄 잉고트를 생산하였다. 즉, Oremet은 광산국과 알바니시의 협력에 의해 탄생한 기업으로 태생적으로 여타의 타이타늄 기업들과 구분된다.

타이타늄 산업은 1956년 이후 최초의 시련기를 맞게 된다. 한국전쟁이 끝나면서 아이젠하워$^{Dwight \ David \ Eisenhower}$ 대통령은 비대해진 국방부를 개혁하고 국방 예산을 감축하기 시작하였고, 이에 따라 1953년 5,150억 달러였던 국방비가 1956년에는 3,700억 달러로 감소하였다.[2] 이는 국방비에 의존하여 막 태동하기 시작한 타이타늄 산업을 위축시켰다. 타이타늄 산업에 대한 결정타는 1957년 미국 국방장관 찰스 윌슨Charles Wilson이 국 방 전략을 유인 전투기 위주에서 미사일 위주로 전환하겠다고 발표한 것 이었다.[3] 당연히 타이타늄 비중이 높은 전투기에 대한 정부 프로그램들이 취소되거나 축소 혹은 연기되면서 타이타늄에 대한 수요를 위축시켰다. 1957년 1만 1,000톤으로 예상되던 타이타늄 스펀지 수요는 6,000톤~7,000 톤에 머물렀고 설비 가동률은 50%에 머물렀다. 정부의 적극적인 독려하 에서 급속하게 생산 규모를 확대시켰던 기업들이 바로 그 정부의 정책 변화에 의해 순식간에 엄청난 타격을 입게 된 것이었다. 1957년 타임지는 '타이타늄의 재앙?Fiasco in Titanium?'이라는 기사를 통해 공급 과잉의 위기 에 빠진 당시 타이타늄 산업에 대해 다음과 같이 묘사하였다.

> 타이타늄은 금속 역사상 최악의 재앙이다. 파리가 파리끈끈이에 달
> 려들 듯 타이타늄은 허풍을 끌어들인다. 비용은 무서울 정도로 높
> 고 중량 대비 강도 역시 알려진 것과 다르다.
> Titanium is the greatest fiasco in metallurgical history. It draws
> gases to it like flies to flypaper. The cost is forbiddingly high, and
> the strength-to-weight ratio is not everything it's cracked up to be.[4]

타이타늄에 대한 관심은 빠르게 달아올랐던 것만큼이나 빠르게 식어 갔다. 이제 막 탄생한 신생 산업 최초의 시련기를 맞아 타이타늄 업체들 은 비방산 산업에서의 타이타늄 수요 창출을 위한 시장 개척에 나서거나 사업을 정리하는 수순을 밟는다. 이때 Rem-Cru Titanium의 지분 50%를 보유하고 있었던 레밍턴 암스Remington Arms는 지분 전량을 Crucible Steel 에 매각하기로 타이타늄 사업에서 손을 떼었다.[5] 이후 Crucible Steel 등

타이타늄 사업을 보유하고 있던 철강 회사들과 Union Carbide와 같은 화학 회사들은 모두 타이타늄 사업을 정리하였다. 이들 회사의 관점에서 타이타늄 사업은 전체 철강 사업에 비해 현저히 규모가 작다 보니 신규 투자에서도 후순위로 밀릴 수밖에 없었다.[6] 크롤 박사 역시 이때 은퇴를 결정하고 1961년 유럽으로 복귀하였다. 훗날 이 격변기를 돌아보면서 혹자는 다음과 같은 평가를 내리기도 한다.

> 1957년의 황홀함은 1958년의 고통으로 바뀌었으며 이는 [타이타늄] 산업을 병들게 했던 수요와 공급에서의 무수한 진동의 첫 번째였다. 군사 전략은 유인 비행기에 대한 의존에서 미사일에 대한 강조로 대체되었고, 군사적 수요 역시 극적으로 감소하였으며, 결과적으로 타이타늄의 생산과 스펀지 가격 역시 그러하였다. 이 시기에 살아남은 타이타늄 생산자들은 그들의 신념과 인내심에 대해 오랜 찬사를 받아 마땅하다
>
> [T]he ecstasy of 1957 was transformed into the agony of 1958, the first of the many oscillations in supply and demand that have plagued the industry. Military strategy shifted from dependence on manned aircraft to emphasis on missiles, and military demand dropped dramatically and, consequently, so did titanium production and sponge prices. The surviving titanium producers of that period, deserve a lasting tribute for their faith and perseverance.[7]

1962년 DuPont이 스펀지 사업에서 철수하기로 결정하면서 1966년이 되면 미국 내 타이타늄 스펀지와 잉고트 생산 업체는 TMCA(TIMET)과 RMI, 2개사만 남게 된다. 1960년대 후반이 되면서 베트남 전쟁으로 인한

국방비 증가와 새로운 전투기 프로젝트가 시작되고 발전 분야와 담수화 분야 등에서의 타이타늄 소비가 늘어나면서 업황이 개선되었다. 하지만 1970년대 베트남 전쟁 종전 후 데탕트Détente 시기를 맞아 미국과 소련의 긴장 완화에 따른 국방비 삭감으로 인해 타이타늄 업체들은 다시 정체기를 맞이하면서 자구책을 찾게 된다.[8] 많은 기대를 모았던 초음속 여객기 사업이 취소되고 1973년 1차 오일 쇼크를 인해 국제 유가가 폭등하게 되면서 민항기 분야도 불황을 겪게 되면서 타이타늄 업계는 수년간의 불황기에 접어들게 된다.

앞 장에서 살펴본 것처럼 민간 항공 분야에서 타이타늄의 사용은 제트 엔진의 도입과 맞물려 있다. 특히 1965년에 개발된 GE사의 TF39 엔진은 타이타늄 비중을 32%로 획기적으로 증가시켰다. 1970년대 후반 F-14와 F-15 전투기들이 양산에 들어가고 Boeing보잉이 광폭동체wide-body 민항기인 B747을 선보이면서 타이타늄 소비는 회복세를 보이게 된다. 그러면서 2세대 타이타늄 업체라고 할 수 있는 Teledyne Wah Chang AlbanyTWCA, Intetnational Titanium IncITI, D-H Titanium과 같은 새로운 타이타늄 생산 업체들이 등장하기 시작한다. 이 중 TWCA는 1950년대부터 크롤 프로세스Kroll process를 사용하여 사염화지르코늄ZrCl4을 생산하던 업체인데, 지르코늄 시장이 정체되고 1979년부터 타이타늄의 공급이 부족해지자 기존 설비를 개조하여 1980년부터 타이타늄 스펀지를 생산하기 시작했다. ITI는 1981년에 설립되었는데, 일본의 Ishizuki Research Institute와 Mistui Company, 미국 단조 회사인 Wyman-Gordon의 합작 회사였다. Wyman-Gordon은 ITI의 지분 41%을 보유하다 1984년 지분율을 80%로 늘이면서 사실상 인수하였다. D-H Titanium은 Dow Chemical과 Howmet Component가 설립한 합작 회사이다. Howmet은 약 500톤가량의 헌터 프로세스에 기반한 스펀지 생산 설비를 보유하고 있었고 2000년에 Alcoa에 인수되었다.

1979~1982년의 짧은 수퍼 호황기가 끝나고 다시 불황기가 찾아오면서 1987년 TWCA나 Western Zirconium과 같은 소규모 스펀지 업체들이 스펀지 생산을 중단하였다. 다만 1980년대가 되면서 민간 항공 시장이 성장하면서 군수 산업에만 의존하던 타이타늄 수요가 좀 더 다양해지기 시작한다. 타이타늄의 수요처는 이후 훨씬 다양해지면서 발전기용 컨덴서, 해양 플랜트, 화학 산업 등에서 사용되었다.[9] 1988년에는 Malory-Sharon에서 근무하였던 제임스 페리만James Perryman이 창업한 타이타늄 생산 업체 Perryman이 설립되었다. 이때가 미국에서 새로운 타이타늄 업체가 등장한 마지막 시기라고 볼 수 있다.

1994년 이후 스펀지 생산 캐파의 증대가 이루어지는 등 업황이 개선되는 듯했으나 1997년 아시아 재정위기로 인해 다시 타이타늄 경기는 위축되었고 2001년 9·11 테러로 인해 불황에 빠지게 된다. Oremet의 경우 2001년부터 2005년까지는 스펀지 생산을 완전히 중단하였다. 이후 2007년부터 타이타늄 수요가 회복하면서 스펀지 가격도 상승하며, 다시 미국 내 생산 설비 증설이 이루어졌으나 2008년 글로벌 재정 위기가 닥치면서 다시 수요가 급감하게 된다.

타이타늄 잉고트 생산이라는 미드스트림 분야를 본다면 미국 시장은 1990년대 TIMET과 RMI라는 2강, Oremet과 Allvac의 2중, 나머지 다수의 소규모 업체가 존재하였으나 1990년과 2000년대 불황기를 거치면서 미국의 타이타늄 업계는 활발한 인수합병과 폐업을 통해 군소 업체들이 정리되었고, 그 결과로 오늘날의 3강 체제로 굳혀지게 된다. 다음의 그래프를 보면 1994년 타이타늄 잉고트 생산 업체는 모두 11개였으나 2019년에는 5개 회사만 존재한다. 미국 내 'Big 3'라 불리는 TIMET, ATI, RTI현재는 Howmet

Aerospace가 미국 시장에서 갖고 있는 시장 점유율은 90%에 달하였으며, 이러한 과점체제는 현재까지도 변함이 없다. 특히 수십 년간 미국 내 1위의 자리를 지키고 있는 TIMET의 시장점유율은 1994년 22%에서 2019년 39%로 증가하였다.

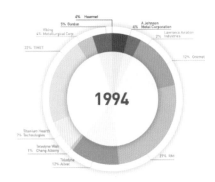

미국 타이타늄 시장 구조의 변화(생산량 기준)

(출처: US Geological Survey, 저자 구성)

TIMET: 타이타늄 산업의 살아 있는 역사

TIMET의 역사는 러시아의 VSMPO와 함께 세계 타이타늄 산업사의 한 축을 이룬다고 할 수 있다. 1952년 세계 최초로 타이타늄 잉고트 생산에 성공하였고, 1955년부터 미국 공군과 대형 구매 계약을 맺고 1957년에는 소모전극을 이용한 VAR 프로세스를 개발하였다. 앞서 언급되었던 CIA의 A-12 정찰기와 SR-71의 타이타늄 소재를 공급해온 것도 TIMET이다. 미국 타이타늄 회사들 중 회사 설립부터 현 시점까지 그 명맥을 이어오고 있는 대표적인 회사이기도 하다.

TIMET은 1950년 National Lead Company와 Allegheny Ludlum Steel Corporation^{ALSC}이 50 : 50의 지분으로 타이타늄의 마케팅과 판매를 위한

TIMET이 생산한 세계 최초의 타이타늄 잉고트

(출처: TIMET)

합작 회사로 Titanium Metals Corporation of America^{TMCA}라는 이름으로
설립되었다. ALSC는 당시 미국에서 손꼽히던 철강 회사로서 타이타늄에
대한 연구와 개발에 높은 관심을 갖고 있었다. ALSC에 대해서는 이후 또
다른 타이타늄 회사인 ATI에 설명할 때 더욱 자세히 다루도록 하겠다.

　TMCA와 ALSC가 타이타늄 생산 기술의 발전에 기여한 바를 언급할 필
요가 있다. 1948년에서 1955년 사이 ALSC의 스카일러 A. 헤레스^{Schuyler A}
^{Herres}는 타이타늄 용해에 관련된 특허만 총 14개를 출원하며 이 분야에서
괄목할 만한 성과를 거두었다. 이들 특허의 대부분이 자갈 같이 생긴 타
이타늄 스펀지를 잉고트로 용해하고 불순물을 제거하여 순도를 개선하는
방법을 다루고 있다. 1949년 헤레스가 출원한 '잉고트 제조를 위한 타이

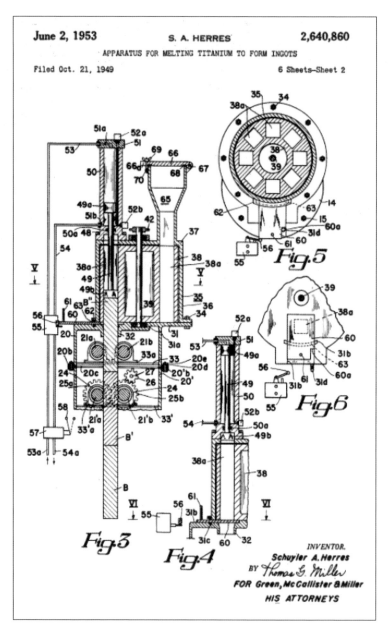

June 2, 1953   S. A. HERRES   2,640,860

APPARATUS FOR MELTING TITANIUM TO FORM INGOTS

Filed Oct. 21, 1949   6 Sheets—Sheet 2

Fig.5

Fig.6

Fig.3

Fig.4

INVENTOR.
Schuyler A. Herres
BY *Thomas G. Miller*
FOR Green, McCallister & Miller
HIS ATTORNEYS

Herres의 1949년 출원 특허
(출처: https://patents.google.com/patent/US2640860A/en?inventor=Schuyler+A+Herres)

타늄 용해 장치Appratus for Melting Titanium to Form Ingots(특허번호: US2640860A)'
에는 타이타늄 스펀지를 잉고트로 더욱 쉽게 용해할 수 있도록 한 소모전
극consumable electrode과 그 제조 방법을 고안하고 아르곤 가스나 진공 상
태에서 타이타늄을 용해하는 방법이 제시되어 있다. 이후 헤레스는 앞서
언급한 대로, 진공아크재용해VAR를 사용한 이중 용해double melting를 적극
권장하였고 이 방식은 현재에도 널리 쓰이고 있다.

1985년, 30년 넘게 협력해온 NL과 ALSC는 각각 5%의 지분만 남기고
TMCA의 TIMET division의 90% 지분을 Kelso & Company와 TIMET division
의 임원들에게 매각하였다. 당시 뉴욕타임즈의 보도에 따르면 이러한 매
각은 ALSC의 채무 반환금을 마련하기 위해 이루어졌으며 TMCA의 철강
부서는 매각의 대상에서 제외되었다.[10] 이후부터 TMCA는 TIMET으로 불
리게 된다.

TIMET은 1990년 텍사스 석유 재벌이었던 해롤드 시몬스Harold Simmons
의 회사인 Baroid Corporation에 5,000만 달러에 매각되었다. 그는 은행에
서 근무하여 모은 5,000달러를 자본금으로 작은 약국을 인수하는 것으로
시작하여 100개 이상의 점포를 거느린 프렌차이즈로 성장시켰고, 1973년
이를 매각하여 5,000만 달러 이상의 자본금을 확보하여 본격적인 투자자
로서 활동하게 되었다. 2013년 사망 시에는 이미 에너지, 화학, 금속 기업
등을 거느린 굴지의 자수성가 재벌이자 미국 공화당의 주요 후원자 중
한 명이었다. 시몬스는 1986년 TIMET의 절반의 지분을 보유하고 있었던
NL Industries를 인수하였다. Baroid Corporation은 바로 NL Industries에
서 분리된 석유가스채굴서비스 기업이었다. 이후 Baroid를 에너지 분야 전
문 기업으로 부각시키기 위해 TIMET은 시몬스의 또 다른 회사인 Tremont
Corporation 소속으로 옮기게 되고, TIMET의 본사 역시 펜실베이니아 피

츠버그에서 콜로라도 덴버로 옮겨졌다. 1991년 시몬스는 자신이 보유한 Baroid의 지분을 상당 부분 매각하였다.

시몬스에 의해 당시 Baroid의 CEO였던 J 랜디스 마틴J Landis Martin이 TIMET의 CEO로 취임하게 된다. 마틴은 노스웨스턴대학Northwestern University 에서 경영학을 전공하고 로스쿨을 졸업하였으며, 1986년부터 NL의 이사 로 취임하였고 1987년부터는 NL의 CEO이자 이사회 의장으로 근무하였 다. 1994년부터 2005년까지 TIMET의 CEO로 재임하면서 시몬스와 함께 TIMET의 변화를 이끌어낸다. 금속 공학이나 항공 산업 등에 전혀 경험이 없었던 이 두 사람에 의해 TIMET이 미국 제1의 타이타늄 회사이자 글로 벌 기업로서의 기반을 갖추게 된다는 점이 흥미롭다.

냉전 종식 후 국방비의 삭감과 항공 산업의 불황으로 인해 시몬스가 TIMET을 인수하고 난 직후인 1990년대 초반부터 TIMET은 적자 경영이 계속되었다. 그럼에도 시몬스는 1992년부터 1996년까지 TIMET에 약 4억 달러를 투자한 것으로 알려져 있다. 월스트리트저널의 1997년 기사에 따 르면 이 당시 TIMET의 경영이 좋지 못한 시절 시몬스는 마틴에게 자신의 투자가 어느 정도 가치가 있었냐고 묻자 마틴은 "전혀 없다"라고 답했다 고 한다. 그러나 시몬스는 TIMET이 필요한 투자를 계속하기로 결정하였 다. 시몬스는 당시를 회상하면서 "나는 Lanny(당시 CEO였던 마틴)가 많은 비전을 갖고 있음을 알고 있었다"라고 말했다고 한다.[11] 시몬스와 마틴이 택한 전략은 세 가지로 정리해볼 수 있다.

첫째, 적극적인 해외 시장 진출이었다. 시몬스와 마틴은 불황기의 기 업 인수를 통한 시장 지배력 확대에 주력하였다. 1990년에는 독일의 타이 타늄과 지르코늄과 같은 특수 합금의 유통회사인 TITSO를 인수하였고 1996년에는 서유럽 최대 타이타늄 생산 업체였던 영국의 IMI Titanium과 프랑스 최대 타이타늄 생산 업체인 Cie. European du Zirconium CEZUS을 인수하였다. IMI Titanium은 후에 TIMET UK로, CEZUS는 TIMET Savoie SA로 개명되었다.

둘째, TIMET의 생산 기술과 능력을 개선하였다. 우선 1990년 TIMET의 노후한 핸더슨 공장에 대한 7,000만 달러 규모의 투자를 감행하였다. 일본의 4개 회사(Toho Titanium, Nippon Mining, Mitsui, Mitsui USA)는 United Titanium Sponge Corp UTSC이라는 컨소시엄을 구성하고 TIMET과 함께 연간 생산량 1만 톤 규모의 스펀지 공장 신설에 합의하는 MOU를 체결했다. 이 스펀지 공장은 Toho Titanium이 가진 당시 최고로 발전된 스펀지 생산의 기술을 적용하기로 하였다. 타이타늄 스펀지의 생산 공정은 크롤 프로세스보다 훨씬 고품질의 스펀지를 더욱 저렴한 가격에 생산하게 해주는 기술이었다. UTSC는 이러한 협력의 대가로 TIMET의 지분 25%를 보유하게 되었다. 이렇게 생산된 타이타늄 스펀지는 주로 미국 국내 시장을 타깃으로 했으며, 특히 미국의 타이타늄 국방 비축 프로그램 Defense Titanium Stockpile에서 요구하는 국내 생산 조건에 부합하는 것이었다. 하지만 초반에는 일부 공정상의 문제로 인해 이 신규 설비는 가동을 하지 못한 채 TIMET은 가동을 중단했던 기존 설비를 재가동해야 했다. 향후 이 설비가 가동을 시작하면서 TIMET은 타이타늄 스펀지를 RMI와 같은 국내 타이타늄 업체들에게도 판매하기 시작하였다. 하지만 1990년대 후반 TIMET이 UTSC의 지분 25%를 매입하자 미국 업체들은 더 이상 경쟁 업체인 TIMET으로부터 스펀지를 구입하지 않게 되었다.

또한 TIMET은 1996년 Axel Johnson Metals사와 50 : 50으로 설립한 합작 회사인 Titanium Hearth Technologies를 인수하여 100% 자회사로 만들었다. 이로써 타이타늄의 청정 제련기술인 냉간노상용해 cold hearth melting

기술을 확보하게 되었다.

셋째, 수요의 다각화였다. 1990년대 시몬스와 마틴은 항공과 방산에 치중한 TIMET의 새로운 수요처를 개발하는 데 많은 노력을 기울였다. 프랑스의 배관 제조 전문 업체인 Valinox와 합작 회사인 Valtimet을 설립하고 프랑스 원자력 발전소에 공급할 타이타늄 튜브를 생산하기 시작했다. 하지만 십수 년간의 사업 다각화의 노력에도 불구하고 TIMET 매출의 70%는 여전히 항공과 방산 분야에 집중되어 있다. 2011년 TIMET이 미국 증권거래소에 신고한 자료에 의하면 매출의 63%가 민간 항공, 13%가 방위 산업에서 발생한 것으로 나타나며 일반 산업은 17%에 머물렀다.[12]

시몬스와 마틴의 불황기 공격적인 투자는 항공 산업의 경기가 부활하며 결실을 맺게 된다. 1996년 TIMET은 수년간의 적자에서 벗어나 처음으로 흑자를 기록하게 되고 이 해 성공적으로 주식거래소에 상장되었다. 여담이긴 하지만 시몬스는 TIMET을 인수·경영하던 이 시기에 미국의 대표적인 방산 회사인 Lockheed록히드의 적대적 인수합병도 시도하였다. 1989년 Lockheed의 주식 20%를 매수한 후 3년간 적대적 인수합병에 나섰으나 결국은 실패로 끝났다. TIMET이 속한 Tremont와 NL은 시몬스가 90% 이상의 지분을 소유한 지주회사인 Contran Corporation에 의해 경영되었으며 시몬스는 2005부터 2012년까지 TIMET의 이사회 의장으로 재직하였다. 2012년 TIMET은 미국의 금속회사인 Precision Castparts Corporation PCC에 29억 달러에 매각되었다.

RTI: 수직일원화를 선택한 강소기업

RMI Titanium Company^{RTI}는 1951년 오하이오에서 P.R Mallory & Co.와 Sharon Steel Company의 합작 회사인 Mallory-Sharon Titanium Corporation

MSTC을 모태로 하고 있다. Sharon Steel은 철강의 박판sheet와 스트립의 생산 능력을 보유한 회사였고 P. R. Mallory는 텅스텐 선재를 생산하면서 몰리브덴, 탄탈륨과 같은 희귀 금속을 다루는 데 전문화된 회사였다. MSTC는 Sharon Steel이 오하이오주 Niles에 보유하고 있던 기존 압연 설비를 사용하여 타이타늄 박판을 생산하기 시작했다. 미국 광산국에 근무하면서 크롤 프로세스를 미국에 도입하는 역할을 했던 R. S. 딘R. S. Dean 박사가 자문을 담당했다.[13]

1952년 타이타늄 잉고트를 생산에 성공한 후 1952년 약 2톤 정도였던 연간 생산량은 1953년에는 55톤, 1956년에는 1,100톤으로 급속히 증가하였다. 1958년 전선 회사였던 Bridgeport Brass Company에서 미국 원자력 발전소에 필요한 우라늄의 제조와 타이타늄 스펀지 생산을 담당하고 있던 부서인 Reactive Metals을 인수하였고 회사명을 Mallory-Sharon Metals Corporation으로 변경하였다. 1960년에는 회사명을 다시 Reactive Metals RMI로 변경하였다. 1966년 7,000만 달러를 투자하여 스펀지 생산량을 연간 6,800톤으로 증가시키기 위한 4개년 계획에 착수하였고 1973년에는 타이타늄 성형 업체인 TRADCO를, 1983년에는 금속분말 제조 업체인 Micron Metals을 인수하면서 타이타늄 산업의 다운스트림에도 진출했다. 이후 50 : 50의 지분을 보유한 Quantum Chemical Group과 USX Corp이 1990년 RMI를 뉴욕 증시에 상장되면서 Quantum Chemical은 지분을 전량 매각하였다.[14] 1990년 당시 연간 생산량 1만 톤 규모의 타이타늄 스펀지 설비를 갖추고 있었다. 1992년 유럽 시장으로의 진출을 위해 프랑스의 항공 산업 유통 업체인 REAMET의 지분 40%를 인수하였고 2000년에는 나머지 60% 지분도 인수하였다. 1998년 회사명을 RMI Titanium에서 RTI International Metal로 변경하였다. 2004년 캐나다의 항공 분야 전문 정밀가공 업체인

Claro를 인수하여 RTI는 항공 분야의 최종 부품을 공급할 수 있는 역량을 보유하게 되었다.[15] RTI의 이러한 사업 확장은 2000년 BAE Systems의 155mm 경량 곡사포 M777의 타이타늄 공급 업체로 선정되는 데 빛을 발하게 된다.[16] 2005년 양산에 들어간 RTI는 타이타늄 소재의 공급뿐만 아니라 자체 설비에서 최종 부품을 생산하여 공급하였다.

> 이는 RTI에게 매우 흥미로운 프로젝트입니다. 단순히 RTI의 타이타늄 중간재의 새로운 매출을 의미하는 것뿐만 아니라 프로그램 기간 동안 국내와 유럽에서 RTI의 가공, 워터젯 절단, 사출, 열간 성형 역량을 통합시켜 더욱 복합적인 고부가가치 제품을 공급하려는 RTI의 전략에 매우 잘 부합하기 때문이다.
> This is a very exciting project for RTI. Not only does it represent a significant new source of revenue (in excess of $100 million if the full compliment is produced) for RMI'S Titanium mill products, but it fits well with our strategy of integrating RTI'S Fabrication & Distribution Group's capability to machine, water jet cut, extrude, hot form, fabricate and distribute more complex value-added products over the life of the program, both here and in Europe."[17]

2007년 Airbus에어버스와의 계약분을 위해 미시시피에 9,000톤 규모의 고품질 타이타늄 스펀지 생산 공장 건설 계획을 발표하지만 투자 비용과 시장 상황으로 인해 2009년 이 계획은 백지화되었고, 2010년 일본 Osaka Titanium과 스펀지 장기 공급 계약을 체결하였다. 2011년 RTI는 영국 Aeromet의 금속성형 사업부를 인수하였는데, 열간 성형, 슈퍼플라스틱 성형, 디퓨전 본딩 등 특수 공정에 전문화된 부서였다.[18] TIMET이 항공과 방산 분야를 탈피한 다각화 전략을 모색했다면 RTI는 항공 분야의 공급망 안에서 고부가가치 공정으로의 확장을 꾀했다고 볼 수 있다. 2014년 기준 RTI의 매출은 7억 9,400만 달러였으며 이 중 80%가 항공과 방산 부문에 집중되어 있었다. 2015년 RTI는 미국의 대표적인 알루미늄 기업인 Alcoa에 15억 달러에 인수되었다.

ATI: 인수와 합병의 산물

Allegheny Technologies Incorporated^{ATI}의 시작은 TIMET의 탄생에서 언급되었던 Allegheny Ludlum Steel Corporation^{ALSC}으로 거슬러 올라간다. ALSC는 1938년 Allegheny Steel Company와 Ludlum Steel Company가 합병되면서 탄생하였는데, ALSC는 고급 철강 생산에서 상당한 우위를 갖춘 상태였다. 합병 후 제2차 세계대전이 발발하면서 급격히 증가한 철강 수요에 대응하기 위해 생산 설비를 증가시키면서 매출 역시 급속도로 증가했다. 철강 합금 중에서도 고급 특수 합금의 개발과 생산에 주력하면서 성장을 계속하게 되었는데, NL과 합작으로 설립한 TMCA 역시 그러한 전략의 일환이었다. 1970년 회사명을 Steel을 제외한 Allegheny Ludlum Industries^{ALI}로 바꾸며 매출의 70% 이상 되는 철강 제품에서 탈피해 비철강 제품으로의 다각화를 모색하였으나 1990년대 채무 반환을 위해 TMCA의 지분을 매각하면서 타이타늄 산업을 정리하고 철강 회사로만 남게 된다.

1996년 ALI와 Teledyne이 합병하면서 Allegheny Teledyne이 탄생하게 된다. Teledyne은 1960년 설립된 전자 제어 부품 회사로, 1965년 미 해군과 대형 공급 계약을 성사시키면서 방산 분야에 진출하게 된다. 전자 제품 생산 업체였던 Teledyne이 특수 합금 시장에 진출하게 된 것은 1966년 Vanadium-Alloy Steel Company^{Vasco}을 인수하면서 전성기를 맞게 된다.

Vasco의 자회사였던 Allvac은 제트엔진 소재의 전문가였던 제임스 니스 벳James Nisbet이 1957년에 창업한 회사이다. GE에 금속전문가로 입사하여 제2차 세계대전까지 가스 터빈 소재 연구를 담당했던 니스벳은 종전 후에 는 제트엔진의 소재를 담당하게 되고, 1953년에는 슈퍼알로이의 진공 용 해 파일럿 플랜트 설치를 담당하게 된다. 이후 진공 용해에 더욱 관심을 갖게 된 니스벳은 1957년 진공용해 특수합금 생산 업체인 Allvac을 창업 하게 된다. 이후 Allvac은 제트엔진, 가스 터빈용 타이타늄 합금과 기타 고온내열 합금을 생산하며, 여기서 생산된 합금은 Boeing의 최초의 민항 기인 B707의 엔진에도 사용되었다.[19]

ATI가 타이타늄 업체로서 본격적인 도약을 하게 된 계기는 1997년 당 시 미국의 2개 스펀지 생산 업체 중 하나였던 Oremet을 5억 6,000만 달러 에 인수하면서였다. 월스트리트저널은 이 인수 건에 대해 철강 업체인 ALI가 '특수 합금, 우주항공, 전자, 산업재 및 소비재로 폭넓게 다각화된 회사'로 성장하기 위한 전략의 일환이라고 평가하였다.[20]

앞서 소개한 대로 Oremet은 TIMET과 RMI와 함께 미국 타이타늄 산업 의 초창기에 설립된 주요 타이타늄 회사 중 하나였다. Oremet은 1960년 대에 미국의 방산과 우주항공 사업에 타이타늄을 공급하며 성장했으나 1970년부터 미국의 관련 예산이 감축되면서 재정이 악화되기 시작하였 다. 이를 타파하기 위해 자체적인 타이타늄 스펀지 공장을 건설하였으나 타이타늄 수요가 급감하면서 결국 신규설비는 가동을 중단하게 된다. 이 시기 Oremet은 골프채와 수산식품 설비 시장에 적극적으로 나서게 된다. Oremet은 1974년 스펀지 공장의 재가동을 위해 300만 달러의 대출을 받 기로 결정하고 이 중 200만 달러는 Armco Steel Corporation의 지급보증 을 받아 이루어졌다. 1977년 Armco는 지급보증에 대한 주식전환권을 행사하였고 Oremet의 지분 62%를 소유하게 되면서 Oremet은 Armco의 자회사가 되었다. 1980년대 초의 타이타늄 시장의 짧은 호황기가 끝나고 1981년에 1억 1,000만 달러를 기록했던 Oremet의 매출이 1983년 2,800만 달러로 감소하면서, 1985년 Armco는 Oremet이 소속된 Aerospace & Strategic Materials Group의 매각을 결정한다. Owens-Corning은 전체 그룹을 4억 1,500만 달러에 인수했으나 원래 관심이 있었던 복합재 사업부인 Hitco Materials Division만 남기고 Oremet을 비롯한 다른 소재 사업부의 매각을 시도한다. 하지만 1986년 Corning에 대한 적대적 인수 시도를 막아내느라 막대한 자금을 소요한 끝에 자금 압박에 시달리게 되고 Oremet의 직원들은 미국 철강노조의 지원을 받아 Oremet의 주식을 매입하였다. 1987년 주당 3달러에 매입했던 주식 가치는 1996년에 30달러까지 상승하였다. 1994년 Oremet은 타이타늄 선재를 생산하고 영국 독일, 캐나다에 공급망을 보유한 Titanium Industries를 인수하였고 이는 항공과 방산에 의존한 Oremet의 사업을 다각화하고 수익성을 향상시키는 결과를 가져왔으며, 1995년 처음으로 Oremet의 비방산 매출이 50%를 넘어섰다. 그러나 1997년 Allegheny Teledyne에 인수되면서 40여 년의 업력도 끝을 맺게 되었다.

1999년 Allegheny Teledyne은 Allegheny Technologies Incorporated ATI, Teledyne Technologies Incorporated, Water Pik Technologies의 3개 회사로 분리한다고 발표하였고 현재 미국의 Big 3 타이타늄 업체 중 하나인 ATI가 이렇게 탄생하게 되었다. 다른 타이타늄 업체인 TIMET과 RTI가 인수합병 속에서도 단일성을 유지하며 성장한 반면, ATI은 타이타늄 스펀지 및 잉고트 생산 업체였던 Oremet과 진공 용해 전문 업체였던 Allvac, 철강 회사인 ALSC가 합병하여 오늘날에 이르게 되었으며 그 과정에서 일원화된 타이타늄 생산 체계를 갖추게 된 것이다.

2011년 ATI는 단조 전문 업체인 Ladish를 8억 8,300만 달러에 인수한 다고 발표했다. Ladish는 1960년대 Oremet의 지분을 23% 보유하기도 하였다. Ladish의 인수는 ATI가 좀더 부가가치 높은 제품 생산으로 확대하기 위함이었다. 이 인수 건에 대해 당시 ATI의 회장이었던 리차드 하스만 Richard Harshman은 다음과 같이 소감을 밝혔다.

> 우리는 고객들에게, 특히 항공 시장에 있어서 통합되고, 안정적이며 지속 가능한 공급 사슬을 제공한다. 이는 타이타늄 합금과 니켈 기반의 슈퍼알로이들 그리고 특수금속을 대상으로 하는 고급 단조, 주조, 가공 설비를 포함하고 있다.
> We offer customers, particularly in the aerospace market, an integrated, stable, and sustainable supply chain, which now includes advanced forging, casting, and machining assets for titanium alloys, nickel-based superalloys and specialty alloys. [21]

ATI는 야심차게 건설한 알바니에 위치한 신규 스펀지 공장을 2014년에 영구 폐쇄하기로 결정하였다. ATI의 입장에서는 자체 스펀지 생산을 하는 것보다 일본산 수입 스펀지를 구매하는 것이 더욱 유리했기 때문이었다. ATI는 스펀지 생산의 중단을 결정하면서 "우리의 전략적 계획의 관점에서 미래를 바라볼 때 알바니의 스펀지 설비를 운영할 이유가 없음이 자명해졌다"라고 발표하였다. 스펀지 생산부터 제품 생산까지 일원화되었던 공정에서 스펀지 생산을 포기한 것이다.

ATI의 경쟁자인 TIMET과 RTI가 2015년 각각 PCC와 Alcoa라는 대기업에 인수되면서 Big 3 중 ATI만이 독립적인 회사로 남아 있다. 2020년 ATI의 전체 매출 29억 8,000만 달러 중 방산 및 우주항공 산업의 비중은 45%,

에너지 산업은 20%로 다른 타이타늄 기업에 비해 우주항공 산업의 비중이 비교적 낮은 편에 속하며 타이타늄이 아닌 니켈과 같은 다른 강종의 매출도 포함되어 있다.

러시아: 냉전 시대의 유산

러시아 역시 구 소비에트 연방 시절부터 타이타늄에 주목하고 적극적인 지원과 연구·개발을 이끌었다. 이미 냉전하에서 서방 세계로부터 공산진영으로의 타이타늄 수출이 금지되면서 소련은 자체적인 타이타늄 생산에 몰입할 수밖에 없었다. 1952년도에 금속으로서의 타이타늄의 생산과 개발에 대한 논문이 발표된 이후 Central Research Institute of Prometheus, Giremet와 같은 국가 연구소에서 투입된 과학자들에 의해 타이타늄 합금과 용해에 대한 많은 연구가 이루어졌다. 1955년에 이르러 타이타늄이 진공아크로에서 용해되어야 한다는 결론에 이르고, 이 기술을 우랄산맥 베르흐나야 살다Verkhnyaya Salda 도시에 위치한 Verkhnya Salda Metallurgical PlantVSMOZ에 전수하였다. 이 VSMOZ가 오늘날 세계 최대 타이타늄 회사인 VSMPO가 된다.[22]

1958년 소련은 타이타늄 산업에 대한 구조조정을 단행하였고 수직일원화된 타이타늄 생산 체계를 갖추게 되었다.[23] 우크라이나에 위치한 타이타늄 광산에서 광석을 채굴하여 각각 러시아, 카자흐스탄, 우크라이나에 위치한 3개의 스펀지 생산 공장으로 보내고 여기서 생산된 타이타늄 스펀지가 VSMOZ에서 타이타늄 잉고트로 만들어지게 된다. 이렇게 생산된 잉고트가 다시 VSMOZ의 단조 공정을 거쳐 소련 내 우주항공, 방산, 조선 산업에 공급되었다. 1958년과 1962년 사이 소련의 타이타늄 스펀지 생산량은 70% 가까이 증가하였다.

소련은 타이타늄을 사용한 핵잠수함 건조에서 두각을 나타내었다. 제2장에서 언급하였듯이 미·소 간의 군비 경쟁은 우주항공에서의 우위와 해양에서의 우위를 선점하는 두 가지의 목표를 중심으로 전개되었다. 이당시 소련에서 개발한 Alfa급 핵잠수함(Project 705 Lira)은 미국과 나토 회원국들에게 심각한 안보 위협으로 부상하였다. 1968년부터 생산되어 당시로서는 타이타늄으로 선체를 건조했던 획기적인 이 잠수함은 80m 길이에 2,300톤의 중량을 지녔으며, 존재했던 군사 잠수함 중 가장 빠른 속도를 지녔던 것으로 알려졌다. 또한 타이타늄의 높은 강도 덕분에 기존의 잠수함들보다 더 낮은 수심의 심해에서 운항도 가능하였다.

Alfa 핵잠수함

(출처: 위키피디아)

1969년 미 정보 당국이 수집한 사진에 맨 처음 등장했을 때 이 잠수함의 은빛 색상으로 인해 소재에 대한 의견이 분분하였으며, 이것이 타이타늄으로 만들어졌으리라고는 아무도 믿으려고 하지 않았다. 우선 타이타늄 소재 자체의 비용이 너무 고가였고 잠수함 형태의 곡면으로 구부리기도 힘들었으며 타이타늄의 일반 대기 중 용접은 매우 위험했기 때문이다. 미 정보 당국의 수년간의 정보 수집 결과 소련은 잠수함 용접을 위한 특수 작업장을 설치하고 이 작업장 전체를 아르곤 가스로 채웠으며, 용접 작업자들은 산소가 공급되는 우주복과 같은 작업복을 입고 작업을 한 것으로 나타났다. 약 1,500톤에 달하는 선체가 타이타늄으로 제작된 이 잠수함은 심해를 40노트(74km/h)에 달하는 속도로 운항하며 타이타늄의 비자기성으로 인해 잠수함 인지 장비인 자기변화탐지기magnetic anomaly detectors를 사용하는 미 해군 함정에 잘 감지되지도 않았다.[24] 당시 미 구축함의 운항 속도는 30노트(55km/h) 정도였다.

하지만 미국에서 타이타늄을 이용한 핵잠수함을 시도하지 않았던 것은 당시 미국의 타이타늄 생산 기술로서는 잠수함 선체를 건조하기 위해 들여야 할 시행착오와 생산 비용이 너무 크기 때문이었다. 대신 미국은 소련의 핵잠수함을 상대할, Mark 48과 같은 대잠어뢰를 개발하는 것으로 방향을 잡았다.[25] 소련 역시 비용적인 부담으로 인해 총 8정의 Alfa 잠수함을 건조하기로 계획하였으나 총 7정만 건조되었다. 하지만 소련은 지속적으로 타이타늄을 이용한 잠수함 선체를 생산해냈다.

역사의 아이러니라면 잠수함 건조에서 타이타늄을 사용했던 소련이 초음속 전투기에서는 타이타늄보다는 다른 금속에 의지해야 했던 것이다. 타이타늄 생산에서 기술적으로 뒤쳐져 있던 것으로 평가받았던 미국이 A-12 기체의 거의 모든 부분을 타이타늄으로 만든 것과 대조적이라고 할 수 있다. 소련은 미국의 A-12 프로젝트에 대한 정부를 입수하기 1년 전인 1959년에 이미 초음속 전투기의 개발을 시작한 상태였다. 이 프로젝트를 통해 탄생한 전투기가 MiG-25이다. SR-71에 이어 두 번째로 빠른 유인기의 기록을 갖고 있으며, 1973년 고도 37.6km 상공을 비행함으로써 세계 최고 기록을 세웠다. 기체 소재 면에서 타이타늄 박판의 용접부 결함 문제를 해결하지 못해 결국 니켈 합금으로 기체 대부분을 제작하였고, 결과적으로 중량 증가를 가져왔다. MiG-25는 80%의 니켈-철 합금, 11% 알루미늄 합금, 9% 타이타늄 합금으로 구성되었다.[26]

소련 시절 연방 내 타이타늄 산업의 발전은 당연히 모두 정부에 의해 주도되고 통제되었다. 기술 개발은 당연히 정부연구소에서 진행되었으며, 이렇게 생산된 타이타늄 제품들은 거의 모두 소련 내에서 소비되었다. 일찍부터 수직일원화된 생산 체계를 갖추고 지원한 결과 냉전 시대 타이타늄 관련 기술은 소련이 미국에 앞서 있었던 것으로 평가된다. 1956년 미국의 한 금속 관련 저널에서 "러시아의 타이타늄 생산은 미국을 능가하며, 연간생산량이 심지어 9만 톤에서 9만 5,000톤에 이르는 것으로 추정된다"라는 논문이 실리자 CIA는 이러한 보도의 진위를 가리기 위해 조사에 착수하기도 하였다. 당시 수백만 달러에 이르는 예산을 투입하고도 미국의 연간 타이타늄 생산량이 7,200톤이었던 것을 감안하면 이러한 주장이 가져온 미국 내 충격과 파장에 대해 충분히 예상할 수 있다.

미국 내 스펀지 생산 업체들이 문을 닫자 1965년부터 미국은 소련산 타이타늄 스펀지를 수입하기 시작하였고 1967년에는 미국 내 소비된 스펀지의 25%가 소련산이었다. 미국 스펀지 생산 업체들의 불만이 고조되자 1968년 미국 상무부는 소련산 스펀지에 대한 반덤핑 결정을 내리게 된다(33 FR 12138). 후에 소련이 해체되면서 이 반덤핑 결정은 연방 해체 후 탄생한 독립국가연합의 15개 국가들을 대상으로 15개로 수정되었다(57 FR 36070). 소련이 붕괴될 당시 소련에서 생산된 스펀지는 전 세계 생산 스펀지의 65%를 차지하였다고 한다.

소련의 붕괴와 함께 연방 내 구축된 수직일원화된 타이타늄 생산 시스템도 종말을 맞이했다. 소련 내 타이타늄의 소비가 당연히, 그리고 급격히 감소하면서 1990년 9만 톤에 달했던 스펀지 생산량은 1994년 1만 5,000톤까지 감소하였다. 또한 1990년대 초반 세계 타이타늄 시장에 찾아온 불황과 더불어 CIS 지역 타이타늄 기업들은 생존을 위해 발버둥 치게 된다. 이 당시 CIS 지역에서 타이타늄 스펀지를 덤핑 가격에 수출하게 되면서 전 세계 타이타늄 시장도 함께 요동치게 되었다. 이때 타이타늄 스펀지가 국제 시장에 저가에 공급되면서 구겐하임 빌바오 미술관Guggenheim Museum Bilbao 프로젝트에서 타이타늄 소재를 선택하는 것이 가능해졌다.

소련의 3개 스펀지 공장들(우크라이나의 Zaporozhye, 러시아의 Bereznyaki, 카자흐스탄의 Ust-Kamenogorsk)은 연방 해체 후 각각 ZTMC, AVISMA, UKTMP라는 스펀지 회사로 탄생하게 된다. ZTMC는 연방 해체 후 수년간 생산이 중단되었으나 1998년부터 생산을 재개하였고 현재 우크라이나의 국영 기업으로 남아 있다. AVISMA는 2000년 VSMPO에 매각되었고 2004년에 합병되어 VSMPO-AVISMA로 불리게 된다. UKTMP는 카자흐스탄의 민영화 계획에 의해 민영화되었다가 이후 벨기에 기업인 Specialty Metals에 인수되었다.

1993년만 하더라도 90% 이상의 타이타늄 소재가 러시아와 CIS 국가들에서 소비된 반면 1998년에는 완전히 역전되어 생산량의 80% 이상이 역외로 수출되었다.[27] 2003~2004년 정도가 되면서 전 세계 타이타늄 수요가 회복되어 이들 회사들은 적극적인 해외 진출을 모색하게 된다. 한 예로 UKTMP는 한국의 포스코와 50：50 지분으로 합작 회사 설립을 발표하였다. 포스코는 2012년부터 카자흐스탄 현지의 타이타늄 용해 공장에서 생산된 타이타늄 슬라브를 수입하여 포스코에서 압연 후 판매하고 있다.

VSMPO: 세계 타이타늄 시장의 최강자

러시아 타이타늄 산업의 탄생과 발전에 관한 이야기는 모두 VSMPO라는 하나의 회사로 압축된다. VSMPO는 세계 최대의 타이타늄 회사로 타이타늄 생산의 수직일원화를 이룬 업체이다. 스펀지와 잉고트 생산은 물론, 세계 최대인 7만 5,000톤 규모의 단조 프레스를 보유하여 거의 모든 등급과 형태의 타이타늄 중간재와 단조품을 생산하고 있다. 2000년대 초반 이미 연간 타이타늄 생산량이 10만 톤을 넘어 세계 최대 규모였으며, 2011년 기준 매출액 기준으로 전 세계 타이타늄 시장의 37%를 차지하였다(2위는 미국의 TIMET으로 34%의 매출 비중을 차지하였다).[28] 2020년도 매출은 12억 5,000만 달러로 2019년의 16억 2,000만 달러에서 감소하였다.

VSMPO는 1932년 알루미늄 생산 공장으로 설립되었다. VSMPO가 모스크바에서 약 1,100km 떨어진, 인구 5만 명 정도의 소도시인 베르흐나야 살다Verkhnyaya Salda에 위치하게 된 것에는 연유가 있다. 제2차 세계대전 중 나치 독일의 침공이 임박해오자, 스탈린은 주요 전략 산업들을 모스크바에서 오지로 재배치하였고 VSMPO 역시 우랄 산맥의 동쪽, 나치 독일군이 닿을 수 없는 곳으로 옮겨지게 되었다. 이후 소재지인 베르흐나야 살다의 이름을 따서 Verkhnaya Salda Metallurgical Production Association VSMPO으로 불리게 되었다. 주로 알루미늄 제품을 생산하였으나 1950년대 소련이 미국에 이어 타이타늄에 대한 연구를 경쟁적으로 진행하면서 타이타늄 생산 업체로 지정되어 타이타늄 생산을 시작하게 되었다. 1960년대 소련이 달로 발사한 위성체에 포함된 타이타늄 부품 역시 VSMPO가 생산한 것으로 알려졌다.[29]

VSMPO의 탄생과 성장을 다루면서 빼놓을 수 없는 인물이 블라디스라프 테튜킨Vladislav Tetyukhin이다. 그는 1932년 모스크바에서 태어나 1956년 모스크바 금속 연구소Moscow Institute of Steel and Alloys에서 금속학 학사학위를 받았다. 1975년 박사학위를 받을 때까지 VSMPO에서 근무하였고 1957년 VSMPO가 최초의 타이타늄 잉고트를 생산해내는 데 참여하였다. 박사학위 취득 후 모스크바로 이주하여 전러시아항공소재연구소All-Russian Reserach Institute of Aviation Materials 혹은 NTK NPO VIAM의 연구소 부서장을 맡았고 1980년부터는 항공기, 로켓, 우주발사체용 타이타늄의 안정성 여부를 담당하는 연구국장department chief으로 근무했다. 진공 용해 기술뿐 아니라 타이타늄 합금의 중간재semi-finished products의 생산 공정의 전문가였으며 131개의 특허를 보유하기도 하는 등 뛰어난 능력의 소유자였다. 항공 소재 기술과 관련하여 그가 이룬 가장 뚜렷한 성과라면 항공 엔진의 터빈용 디스크, 샤프트 등 가장 중요한 부품에서 삼중 용해triple melting를 시도하고 이를 완성시켰다는 점일 것이다.

타이타늄 연구자로서의 삶을 살던 그의 커리어가 전환점을 맞이한 것은 1992년에 VSMPO의 CEO로 부임하면서부터이다. 방위 산업만을 영위하던 VSMPO는 1991년 소련이 붕괴하자 다른 국영 기업과 마찬가지로 하루아침에 수주가 사라지게 되고 도산의 위기에 빠지게 된다. 이 위기를 타파하고자 VSMPO의 직원들은 테튜킨에게 구원의 손길을 요청하게 되었다. 이 시기 테튜킨은 14년간 함께할 동업자를 만나게 되는데, 이가 바로 브야체스라프 브레쉬트Vyacheslav Bresht였다. 브레쉬트는 1988년 페레스트로이카가 시작되자마자 사업을 하기로 결정하고 독일과 러시아를 오가며 독일산 중고 자동차와 중고 전자제품 등을 러시아에 팔고, 그 대금으로 러시아에서 알루미늄과 같은 물품을 구매하여 독일에 파는 식의 비즈니스를 해오고 있었다.[30]

1989년 그는 컴퓨터를 구매하고 싶었던 VSMPO의 테튜킨과 처음으로 만나게 되는데, 테튜킨의 첫 마디는 "당신은 투기꾼이요?"[31]였다. 브레쉬트의 회상에 따르면 테튜킨은 친자식이나 다름없는 VSMPO가 생산 감소로 인해 재정적 어려움을 겪게 되자, 재무에 재능이 있었던 브레쉬트에게 VSMPO를 도와줄 것을 요청하였다. 당시 비엔나에 살고 있던 브레쉬트에게 '테튜킨의 친구'라는 새로운 직함까지 주어가며 설득하였고, 이 둘은 직원들이 소유하고 있던 VSMPO의 지분을 매수하여 회사를 인수하였다. 그 당시의 VSMPO에 대해 브레쉬트는 다음과 같이 회상하였다.

> 내가 VSMPO에 처음 들어섰을 때 어느 누구도 일을 하고 있지 않았다. 사람들은 집에서 가져온 스토브에다 차를 끓이고 있었다.
> When I first walked into VSMPO-no body was working-people were boiling tea on the stoves they brought with them.

1990년대 테튜킨과 브레쉬트는 VSMPO의 생존을 위해 치열하게 노력하였다. VSMPO는 매출을 위해 알루미늄 프라이팬에서 타이타늄 삽까지 각종 제품들을 만들어 팔았으나, 러시아 시장에서 가능성이 없다는 것을 확인한 후 이 둘은 미국으로 건너가 Boeing, GE, Rockwell 같은 회사들을 접촉하며 러시아산 타이타늄의 수출 가능성을 타진했다. 냉전이 종식된 지 얼마 지나지 않은 시점에서 이들에 대한 시장의 반응은 차가웠고 브레쉬트는 당시를 다음과 같이 회고하고 있다.

> 우리는 그들에게 미국 가격의 절반에 타이타늄을 팔 수 있다고 말하였다. 우리가 원하는 것은 오직 그들이 우리 공장을 방문하고 눈으로 보는 것이었다.

We told them we could sell titanium at half the price they paid for it in the US. All we wanted was for them to come and see our factory.[32]

이러한 이들의 노력에 결실을 맺은 것은 Boeing과의 계약이었다. 1994년부터 4년에 걸쳐 VSMPO를 실사하고 테스트한 Boeing은 1997년 2,400톤의 타이타늄 잉고트를 2년간 구매하는 계약을 체결하였고 마침내 1998년 1999~2003년 동안 최소 1억 7,500만 달러의 타이타늄 제품을 구매하는 계약을 체결한다. 이러한 계약 체결식에는 러시아의 무역장관인 미하일 프라드코프Mikhail Fradkov와 미국의 상무부 장관인 윌리엄 데일리William Daley가 참석하여 미국과 러시아 간의 경제 협력에서 VSMPO와 Boeing의 거래가 갖는 중요성에 대해 짐작할 수 있게 한다. 테튜킨은 이에 다음과 같은 코멘트를 남겼다.

우리 두 회사는 강력한 전략적 동맹을 형성하였다. 우리의 공동 목표는 궁극적으로 Boeing이 어떤 형태의 타이타늄 제품도 공급할 수 있도록 VSMPO를 승인하는 것이다
Our two companies have formed a strong strategic alliance. Our mutual goal is eventually to have VSMPO approved by Beoing to supply any type of titanium product.

하지만 VSMPO가 성장하고 해외 항공 시장에 진입하며 안정화가 되자 테튜킨과 브레쉬트가 가진 VSMPO의 경영권을 놓고 러시아 국내에서 받게 되는 압력도 시작되었다. 1997년 이 둘은 타이타늄 원소재 생산 업체인 AVISMA를 인수하였다. 인수를 하게 된 배경에는 당시 AVISMA를 소

유했던 Menatep의 소유주인 미하일 호도르코프스키|Mikhail Khodorkovsky의 공격을 막아내야 했기 때문이다. 훗날 푸틴과의 정쟁에서 패배하여 Yukos 사태의 주인공이 되어 장기간 망명의 길을 떠나게 되는 호도르코프스키는 타이타늄 원소재 공급을 제한하는 방식으로 VSMPO를 압박하였고 이는 사실상 인수합병을 목표로 한 것이었다. 이후 호도르코프스키의 관심이 석유로 옮겨가면서 그는 AVISMA를 VSMPO에 매각하였고, VSMPO는 스펀지 생산 업체인 AVISMA의 인수로 수직일원화된 생산 체계를 구축할 수 있게 되었다.

테튜킨과 브레쉬트는 AVISMA의 인수 대금을 조달하기 위해 오스트리아 은행 Creditanstalt와 미국 투자자 케네스 다트Kenneth Dart에게 VSMPO 지분의 17%와 교환하였다.[33] 이후 Creditanstalt 역시 VSMPO의 지배 지분을 확보하려고 했으나 실패하였다. 2003년에는 당시 알루미늄부터 석유까지 닥치는 대로 기업을 인수하고 있었던 러시아 재벌 빅토르 벡셀베르크Victor Vekselberg가 13.4%의 지분을 확보하였고 테튜킨과 브레쉬트는 그의 제안에 의해 '러시아 룰렛'이라고 명명한 합의서에 서명하였다. 이 합의서에 따르면 벡셀베르크, 테튜킨, 브레쉬트 3명 중 1명은 나머지 2명에게 언제 어떤 가격이든 자신의 지분을 사라고 제안할 수 있으며, 만약 이 2명이 지분을 인수할 수 없으면 동일한 양의 지분을 처음 매각을 제안한 1인에게 처음 제안된 가격과 동일한 가격에 매각해야 한다는 것이었다. 2005년 9월 벡셀베르크는 시장 가치보다 훨씬 저렴한 1주당 96달러의 가격에 자신의 지분을 인수하라고 제안하였다. 그의 계산에는 테튜킨과 브레쉬트는 현금이 부족하므로 당연히 지분을 인수할 수 없을 것이기에 자연스럽게 자신이 저렴한 가격에 브레쉬트와 테튜킨의 지분을 인수하게 될 것이었다. 하지만 그의 이러한 예상을 뒤엎고 Renaissance Capital을 비롯한 백기사가 등장하여 테튜킨과 브레쉬트의 지분 인수 대금을 지원하였고 벡셀베르크는 러시안 룰렛 합의서에 따라 오히려 자신의 지분을 매각하고 이사회에서 퇴출되었다. 벡셀베르크는 포기하지 않고 브레쉬트와 테튜킨의 지분에 대한 법원의 가압류를 얻어내고 자신의 지분을 재확보하기 위해 미국과 키프로스 법원에서 소송을 제기하였으나 무위로 끝났다.

거듭되는 인수합병 시도에 테튜킨과 브레쉬트는 IPO를 결정하고 2006년 2월 런던으로 향한다. 이때가 되면 VSMPO는 Boeing에 공급되는 타이타늄의 40%, Airbus의 60%를 차지하며 전 세계 타이타늄 시장의 30%의 점유율을 가진 최대의 타이타늄 업체가 되어 있었다. 직전 해인 2005년 매출은 7억 5,000만 달러에 이익은 무려 2억 3,000만 달러였다. VSMPO는 말 그대로 구소련의 잔재에서 글로벌 기업으로 올라선 희귀한 사례였다. ("a rare example of a Soviet-era enterprise that managed to turn itself into a globally competitive business."[34]) 하지만 계획된 IPO가 계속 연기되면서 Boeing과 Airbus와 같은 고객사들은 불안을 느끼기 시작하였다.

> 그들은 우리에게 어떤 상황인지 계속해서 묻고 있다. 사실 이때쯤이면 우리는 장기 공급계약에 서명을 했어야 했다.
> They keep asking us what is going on ⋯ and this is at a time when we are supposed to be signing long-term contracts.[35]

이미 러시아 국내외에서는 VSMPO가 Yukos와 Sibneft의 뒤를 이은 국유화 대상이라는 소문이 떠돌고 있었다. 이와 함께 VSMPO는 강도 높은 세무조사와 VSMPO의 지분구조에 대한 러시아 검찰의 조사를 받던 중이었고 이는 VSMPO의 주주들에게 자신들이 보유한 지분을 헐값에 양도하도록 압박하는 방식이었다. 러시아 정부의 이러한 행동은 모두 '전략적 국익의 보호defending national strategic interests'라는 명목하에 이루어졌다. 당시 Rosoboronexport의 관계자는 다음과 같이 말했다.

> 타이타늄은 전략적 자산이다. 만약 외국인의 수중에 떨어진다면 그들은 우리에게 아무 이유 없이 타이타늄을 판매하지 않을 것이다. 타이타늄은 우리의 항공 산업 발전을 위해 필요하다. 무엇 때문에 우리가 외국인이 필요한가?
>
> Titanium is a strategic asset. If it ends up in the hands of foreigners, they will not sell it to us for nothing. Titanium is needed for the development of our aerospace industry. What do we need foreigners for?[36]

물론 이러한 '우려'는 VSMPO가 러시아의 타이타늄 수요를 100% 충족시키고 있었고 내수 시장만으로는 생존할 수 없었던 점을 고려하면 현실을 왜곡시킨 것이라 볼 수 있다. 2006년 2월 테튜킨이 워싱턴포스트와 진행했던 인터뷰에 따르면 그는 당시의 심정에 대해 다음과 같이 토로하고 있다.[37]

> 그들의 애국적인 감정은 왜 이제 와서야 나타나는가? 회사가 이익을 내고, 정리되고 구조조정된 이때에?
>
> Why do their patriotic feelings show only now, when the company is making a profit, when it has been cleaned up and restructured?

내가 어떻게 VSMPO를 판단 말인가? 그것은 아내를 파는 것과 같다.
How can I sell it[VSMPO]? It is like selling your wife.

우리는 항공기의 주요 파트를 생산한다. 하나의 실수는 수천 명의 목숨을 앗을 수도 있다. 우리의 비즈니스는 신뢰를 기반으로 하며 이것은 우리가 그토록 힘들게 일해서 얻은 것이다. 무서운 점은 누군가가 우리의 사업을 빼앗아가길 원한다는 점이 아니다. 무서운 점은 그들이 회사를 파괴할 것이라는 점이다.
We make critical parts of planes-one error can cost thousands of lives. Our business is built on trust, which we have worked so hard to win. The scary thing is not that someone wants to take our business over. The scary thing is they will destroy it.

결국 2006년 11월 브레쉬트와 테튜킨은 당시 푸틴의 최측근이었던 세르게이 체메조프Sergei Chemezov가 운영하던 국영 기업 Rosoboronexport에 자신들이 가진 66%의 지분을 매각하였다. 결정이 내려지자 브레쉬트는 바로 러시아를 떠나 프랑크푸르트로 향했으며, 그곳에서 자신의 지분 매각 협상을 진행하였고 31%의 지분을 매각하는 조건으로 6억 8,000만 달러를 받았다. 테튜킨 역시 자신의 지분은 3.8%만 남기고 매각하였다. 2009년 3월 테튜킨은 VSMPO의 사장직에서 퇴임하였고 2011년까지는 신사업과 전략에 관한 직함을 유지하였다. 2009년 그의 퇴임 당시 VSMPO의 보도 자료를 보면 그의 퇴장이 얼마나 큰 의미였는지를 가늠할 수 있다.

VSMPO-AVISMA의 대체 불가한 수장이며 개척자 중 한 명인 블라디스라프 테튜킨이 사임한다. … 테튜킨의 사임으로 인한 VSMPO-

AVISMA에 어떠한 중대한 변화도 예견된 것은 없다.
Vladislav Tetyukhin, the irreplaceable head and one of the VSMPO-
AVISAM Corporation promoters, resigns. ··· No significant changes
are forecasted for VSMPO-AVISMA that could be associated with
Mr. Tetyukhin's resignation.[38]

VSMPO의 지분을 Robosonexport에 매각한 후 브레쉬트와 테튜킨은 서로 다른 길을 걷게 된다. 브레쉬트는 이스라엘로 이주하여 그곳에서 오페라에 대한 열정을 불사르며 투자가로서의 삶을 살게 된다. 그는 주로 바이오와 의료 관련 벤처에 투자하였고 2015년 그의 자산은 9억 5,000만 달러에 이르렀다.

한편 테튜킨은 VSMPO를 떠난 후 그의 지분 매각 대금인 6억 9천만 달러를 VSMPO가 위치한 베르흐냐야 살다의 의료 인프라를 개선하는 데 사용하기로 결정하였다. 그는 언제나 베르흐냐야 살다가 세계적인 타이타늄 대기업이 소재한 도시처럼 보이지 않는 점을 개탄하였다. 그는 만약 VSMPO에 부과되는 세금이 줄어들면 VSMPO가 도시의 발전을 위해 더욱 많은 투자를 할 수 있을 것이라고 생각하였다. 그는 기존 병원에서 연 2,000건의 수술밖에 이루어지지 못해 2,000명의 환자들이 타 도시로 이송되고, 3,500명의 환자들이 대기명단에 올라와 있는 상황을 개선하기로 마음먹고 인근 니즈니타길Nizhny Tagil시에 외과 수술에 전문화된 현대식 병원을 건설하기로 결심하였다. 수많은 우여곡절 끝에 병원 공사는 시작되었지만 이미 테튜킨은 전 재산을 쏟아부은 후였고 그는 공사를 계속하기 위해 VSMPO의 남은 지분을 매각하였다. 하지만 그렇게 해도 병원 건립을 위한 비용이 모자라자 그는 푸틴에게 서한을 보내 지원을 요청하고 러시아 정부의 지원을 받아 병원이 완공되었다.

한때 러시아 자산 순위 153위이기도 했던 테튜킨은 병원 사업에 전 재산을 쏟아부은 후, 7년간의 시간을 병상에서 보내다 2019년 87세의 나이로 사망하였다. 그의 부고 소식에 Boeing 러시아 사장은 다음과 같은 평을 남겼다.

> 그는 항공기 제조와 세계 우주 산업의 발전에 지대한 공헌을 하였으며, 그가 VSMPO와 Boeing과의 협력 관계 구축에 기여한 바는 과대평가의 여지가 없는 것이다.
>
> He made a huge contribution to the development of aircraft manufacturing and the global space industry, and his contribution to the development of cooperation between VSMPO-AVISMA and Boeing Corporation cannot be overestimated.[39]

VSMPO와 Boeing의 협력 관계의 기반은 가격과 기술 그리고 신뢰에 의해 구축된 것이다. 테튜킨은 일전에 그의 인터뷰에서 Boeing과의 신뢰 관계에 대해서 다음과 같이 말한 바 있다. "Boeing과 우리와의 우호 관계는 시간에 걸쳐 형성된 것이다." 그에 따르면 2001년 9·11 테러 이후 타이타늄에 대한 주문이 급감하자 미국 타이타늄 회사들은 이미 곤경에 처해 있는 항공 업체들에게 계약 불이행에 대한 패널티를 부여하였으나 VSMPO는 그렇게 하지 않았다고 한다. 그의 생각에 Boeing과 같은 업체들은 이러한 점을 높게 샀다고 한다.[40]

2000년 VSMPO와 Boeing은 Boeing-VSMPO Innovation Centre을 설립하였다. 2006년에는 양사의 합작 회사인 Ural Boeing Manufacturing^{UBM}

이라는 가공machinig 업체를 설립하였는데, Boeing은 약 7,000만 달러를 투자한 것으로 알려져 있다. UBM은 Boeing의 787 드림라이너와 737, 777 기종에 공급되는 타이타늄 단조품의 부품 가공을 수행하며 2009년 운영을 시작하였다. 2008년 테튜킨은 항공 분야에서 가장 보편적으로 사용되는 타이타늄 Ti 6Al-4V 소재의 원가를 대폭 절감할 수 있는 개량 합금을 개발해냈고 2010년에 이를 Boeing과 공유하였다.[41]

VSMPO와 Boeing의 관계에서 가장 큰 위기는 2014년 우크라이나의 친러시아 분쟁에서 촉발되어 미국과 러시아 간의 갈등이 격화되었을 때일 것이다. 2014년 2월 우크라이나 혁명으로 수립된 친서방정권에 반대하여 러시아가 자국민들을 보호한다는 명분으로 친러시아 지역인 크림 반도를 점령하였고, 3월 1일 러시아 상원에서 러시아군의 크림반도 개입을 승인하는 방안이 통과되었으며, 크림반도는 독립선언 이후 바로 러시아와 통합되었다. 이에 대응하여 미국과 유럽연합은 대러 제재를 시작, 이를 점차 확대시켰다. 미국과 러시아의 관계가 악화되면서 가장 우려를 표명한 곳은 미국의 항공 분야였다. Boeing과 United Technologies 등 미국의 항공 제조 업체들은 러시아에서 공급되는 항공용 타이타늄이 제재 대상이 될 것을 우려하여 재고 확보를 늘렸다. 당시 러시아는 전 세계 항공용 타이타늄의 30%, Boeing 민항기용 타이타늄의 35%를 공급하고 있었는데, 유럽의 Airbus의 경우 러시아산 타이타늄에 대한 의존도가 60%가 넘었다. 러시아 역시 서방 세계에 대한 대항 카드로 타이타늄 수출 제한을 고려하였으나 타이타늄의 양국 간 상호 의존성을 고려하여 결국 타이타늄은 제재 대상에서 제외되었다.[42]

이어 2018년에는 양사는 VSMPO가 위치한 스베리들롭스크Sverdlovsk 지역에 약 8,200만 달러를 투자하여 타이타늄 단조품의 가공 공정을 담당하는 UBM의 두 번째 합작 회사를 설립한다고 발표하였다.[43] 러시아와 미국 간의 관계 악화로 인해 비교적 조용하게 발표된 이 추가적인 투자 계획에 따르면, 새로운 사업장은 러시아의 타이타늄 밸리 지구 안에 위치할 예정으로 여기서 생산된 타이타늄 부품은 Boeing의 737 MAX와 777X와 같은 신규 기종을 비롯한 Boeing의 전 기종에 공급될 것으로 알려졌다. 2021년 VSMPO는 Boeing과 타이타늄 공급에 대한 추가적인 장기 계약을 체결하였다.

VSMPO와 Boeing과의 협력 관계에 대해 미국 내에서 불편하게 바라보는 시각도 존재한다. 2019년 미국 상무부 보고서는 VSMPO가 내부적으로 생산한 타이타늄 스펀지의 생산 비용 전부를 반영하지 않는 식으로 타이타늄 제품의 가격을 인위적으로 낮추고 있으며, 이러한 가격 구조가 Boeing과 VSMPO가 UBM을 설립하게 된 배경이라고 간주하고 있다.

2022년 2월 러시아는 우크라이나를 전격 침공하였고 이에 대해 미국을 비롯한 서방 국가들은 러시아에 대해 강력한 경제 제재로 맞서고 있다. 2022년 3월 Boeing은 우크라이나 침공 이후 러시아산 타이타늄에 대한 구매와 러시아 항공사들에게 항공기 예비 부품들을 보내는 것을 중단하였으며 모스크바의 기술사무소를 폐쇄하였다고 발표하였다. Boeing의 대변인은 "현재 보유하고 있는 타이타늄 재고 및 다양한 공급처들이 비행기 생산을 위해 충분하며 장기간 지속성을 위해 적절한 조치들을 계속할 것"이라고 말했다. 하지만 이러한 조치 이외에 Boeing이 VSMPO와 설립한 합작회사들의 존속 여부에 대해서는 언급되지 않고 있다.

COVID-19으로 인한 항공 시장의 불황으로 인해 타이타늄의 수요가 침체되고 상당한 타이타늄 재고가 쌓여 있는 상태임을 감안하면 러시아산 타이타늄에 대한 구매 중단은 단기적으로는 Boeing의 타이타늄 수급에 큰 영향을 주지 않을 것으로 보인다. 반면 러시아산 타이타늄에 대해 훨씬 더 크게 의존하고 있는 Airbus의 경우는 아직도 구매를 중단하고 있지는 않다. 하지만 우크라이나 침공이 장기화되고 러시아에 대한 국제 제재가 강화될수록 VSMPO에 대한 의존성에서 탈피하려는 노력들이 더욱 증가할 것이다.[44]

역사의 아이러니라면, 소련이 붕괴한 후 VSMPO가 Boeing과의 협력을 통해 세계 항공 소재 시장에 진입할 수 있었기에 오늘날의 러시아 타이타늄 산업이 존재할 수 있었던 것이다. 그러나 이제 러시아산 타이타늄에 대한 의존성은 Boeing에게는 결국 커다란 지정학적 리스크로 존재하고 있다. 2001년 VSMPO의 부사장 스미르노프Smirnov는 인터뷰에서 다음과 같은 말을 한 적이 있다.

> 무슨 이유에서인지 타이타늄과 러시아 사이에는 언제나 밀접한 연결고리가 있었으며 나는 이러한 연관 관계가 미래에도 더욱 강화될 것으로 믿는다.
> Somehow there had always been a close link between titanium and Russia and I am confident that this association will only become stronger in the future.[45]

테튜킨이 구축한 VSMPO와 Boeing과의 협력 관계가 양국 간 국익의 직접적인 충돌이 발생할 때 얼마만큼 지속될 수 있는지는 계속 지켜봐야 할 것이다.

일본: 비군사용 타이타늄 산업의 모태

놀랍게도 일본 타이타늄 산업이 시작된 시기는 미국과 비교하여 그리 큰 차이가 없다. 일본 도쿄대학 공대 교수이며 일본 원자력에너지학회의 회장을 역임한 요시추구 미시마Yoshitsugu Mishima가 지르코늄 연구에 대한 공헌을 인정받아 1986년 Dr. Kroll International Award를 수여받으며 남긴 연설에서 일본 타이타늄 산업의 시작을 엿볼 수 있다. 그는 자신의 지르코늄에 대한 관심이 1947년에 '성형 가능한 타이타늄과 지르코늄'이라는 논문을 읽으며 시작되었다고 밝히고 있다. 이 논문은 1946년 발행된 Metal Industry라는 학회지에 실린 것으로 R. S. 딘이 쓴 것이다.* 따라서 미국에서 타이타늄에 대한 관심이 고조되던 것과 거의 비슷한 시기에 일본 학계에서도 이 새로운 금속에 대해 이미 인지하고 있었다.

일본이 제2차 세계대전 패전국임에도 단순한 학문적 관심을 넘어서 당시 새롭게 주목받고 있었던 신소재인 타이타늄 생산을 시작할 수 있었던 이유는 바로 미국의 지원에 있다. 1950년대 초만 하더라도 미국의 국내 스펀지 생산이 목표치에 미달하자 미국은 일본 정부와 계약을 체결하고 일본에서 생산된 스펀지와 미국의 곡류 및 식량을 교환하기로 하였다.[46] 아마 이에 따라 크롤 박사 역시 1953년 일본을 방문하여 기술을 지도해주게 된 것으로 보인다. 앞에서 언급한 미시마 교수의 회상에 따르면 크롤 박사의 방문은 일본 타이타늄 산업의 발전에 있어 커다란 전환점이었다.

타이타늄에 대한 관심은 1953년 크롤 박사의 방문에 의해 크게 고

---

* Reginald S. Dean은 1942년에서 1946년까지 미국 광산국에서 Assistant Director로 근무했으며 앞서 미국의 RTI의 모태가 되는 Mallory Sharon Steel Company에게 자문을 해준 이와 동일한 인물이다.

무되었다. 나는 크롤 박사의 강의를 듣기 위해 1953년 5월 2일 토
요일 아침 9시에 다이치 세이메이 홀에 왔었다.

Interest in titanium was greatly stimulated by the visit of Dr. W.
J. Kroll in 1953. I came to Dai-ichi Seimei Hall to listen to Dr.
Kroll's lecture at 9:00 am on Saturday, May 2, 1953. [47]

일본 경제통상성MITI은 1952년 타이타늄산업발전계획하에서 세계 최초
로 타이타늄 산업협회인 일본 타이타늄협회Japan Titanium Society를 설립하
였고, 이때 이미 일본 국내에서 스펀지 생산에 성공하여 1954년부터는 타
이타늄 잉고트를 생산하기 시작했다. 1953년 600톤이었던 스펀지 생산량
은 1957년 3,600톤으로 증가하였고 이것은 미국의 스펀지 가격이 1953년
$5/lb에서 1957년 $2.25/lb으로 급격히 하락하게 되는 요인이 되었다. [48]

일본의 타이타늄 산업은 일본 정부의 꾸준한 지원에 힘입어 자국 내
스펀지 생산을 점차 확대하였으며, 1980년대에 이르면 이미 일본은 미국
의 스펀지 생산량과 맞먹는 약 2만 5,000톤의 스펀지를 생산하게 되었고,
결국은 미국의 스펀지 업체들을 위협하는 수준에 이르게 되었다. 1990년
대가 되면 확고한 2위로 올라서며 이미 전 세계 스펀지 생산량의 30% 정
도를 점유하게 되었다. 1990년대 초반만 하더라도 일본산 스펀지는 거의
모두 일본 내에서 소비되었으나 1990년대 후반으로 가면서 항공·방산 용
도의 일본산 고순도 스펀지에 대한 수요가 증가하면서 생산량의 절반 정
도는 수출하게 되었다. 동시에 일본 내에서의 수요 증가에 대한 부분은
구 소련국가들에서 수입한 스펀지가 대체하게 되었다.

그러나 일본의 타이타늄 산업의 성장은 미국과는 달리 군사적 목적을
위해서가 아닌 국내 화학 산업에 의해 이루어졌다. 즉, 미국에서는 타이

타늄의 우수한 강도와 내열성에 주목하였다면 일본에서는 타이타늄의 탁월한 내식성에 집중하였다. 이것은 아마도 타이타늄 산업이 일본에서 성장하던 초창기, 패전국이었던 일본이 자체적으로 방위 산업을 성장시킬 수 없었던 한계에서 비롯된 것이 아닐까 추측해볼 수 있다. 고베제강의 사장을 지낸 고키치 다카하시Kokichi Takahashi가 1980년에 발표한 연설문을 보면 서구권에서 항공·방위 산업을 위해 타이타늄을 생산했던 것과는 달리 일본은 각종 산업에서 부식 방지를 위한 목적으로 타이타늄을 사용하였고, 이에 따라 자연적으로 생산비를 줄이고 대량생산을 위한 방법에 매진할 수밖에 없었다고 밝히고 있다.

특히나 염분에 강한 타이타늄의 내식성은 해안가에 주요 산업 시설이 위치해 있고 냉각수로 해수를 이용하는 화력발전소, 정유시설 등의 열교환기용에서 뛰어난 성과를 보이게 되면서 니켈과 구리를 대체하게 되고 타이타늄에 대한 수요는 지속적으로 증가하게 되었다. 암모니아, 아크릴 섬유 등을 생산하기 위한 화학 산업에서도 타이타늄은 필수불가결한 소재로 사용되기 시작하였다. 2000년 전까지 일본에서는 더 가혹한 부식 환경에서도 견딜 수 있도록 0.15%의 팔라디움을 첨가한 타이타늄 강종이 개발되었고, 이후에는 고가의 팔라디움을 대체하여 0.3% 몰리브덴과 0.8% 니켈을 첨가한 타이타늄이 등장했다. TICOREX(Nippon Steel), SMI-ACE (Smitomo Metal), AKOT(Kobe Steel) 등 일본 타이타늄 회사들에 의해 개발된 초내부식성 타이타늄 강종들 모두 1% 이하의 다양한 미량 원소들을 첨가하여 원가를 낮추고 내식성을 개선하는 효과를 가져왔다. 이처럼 일본에서는 각 산업의 용도에 맞추되 경제성을 고려하여 좀 더 저렴한 미량의 원소를 첨가하여 다양한 강종들을 개발하였고 이것이 일본 타이타늄 산업의 경쟁력의 밑바탕이 되었다.

일본에서 타이타늄은 민간 소비재로도 상당히 큰 비중을 차지하고 있는데, 약 14%를 차지하고 있다. 이는 국내 타이타늄 스펀지와 중간재 생산이 증가하자 타이타늄 업계와 학계가 골프채, 안경테, 스포츠 용품 등 타이타늄이 적용될 수 있는 제품을 적극적으로 개발한 결과라 할 수 있다. 또한 일본에서는 건축물의 외장재로서 타이타늄을 활발히 사용하였는데, 1986년에서 2000년까지 일본에서 건축 용도로 사용한 타이타늄의 양이 2,114톤에 이른다.[49] 일본타이타늄학회의 회장을 지낸 야스유키 시미즈Yasuyuki Shimizu에 따르면 1998년 일본의 타이타늄 국내 소비의 50% 이상이 화학과 발전, 담수화 산업에서 발생하였고 이에 비해 항공, 방산 분야는 9%에 그쳤다.

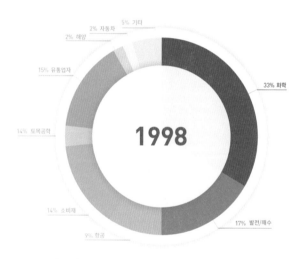

일본 타이타늄 국내 수요(1998)

(출처: Shimizu, 1999)

다만 이러한 산업 발전 결과, 일본 타이타늄의 생산은 절대적으로 합금이 아닌 CP 타이타늄 위주로 이루어지게 되었다. 1998년 기준으로 일본에서 생산된 타이타늄의 92%는 CP 타이타늄이었고 이는 미국의 26%의 CP 타이타늄 비중과 매우 대조된다.[50] 이러한 차이는 바로 타이타늄의 소비 시장 구조에서 비롯되었다. 일본의 타이타늄 산업계에서도 CP 타이타늄에 대한 지나친 의존도에 대해 우려를 표시했다.

현재 일본는 타이타늄 스펀지를 생산하는 2개 업체인 Osaka Titanium과 Toho Titanium이 있으며, 타이타늄 제품을 생산하는 곳은 고베제강, Nippon Steel, Daido Steel, JX Nippon Mining & Metals, JFE 제강, Aichi 제강 6개 업체가 있다.[51]

Kobe Steel: 일본 타이타늄의 1인자

보통 코벨코Kobelco로 알려진 Kobe Steel고베제강은 1905년 일본 고베시에서 창립되었다. Toho Titanium과 Osaka Titanium이 금속 정련 기술을 보유한 기술자들에 대해 설립된 반면 Kobe Steel의 설립 배경은 조금 다르다. 당시 무역회사였던 Suzuki Shoten스즈키 쇼텐이 고베에 위치한 철강회사인 Kobayashi Seikosho를 인수하고 이를 Kobe Steel Works라고 상호를 변경하면서 오늘날의 Kobe Steel이 탄생하게 된다. Suzuki & Co스즈키 그룹은 일찍이 남편을 여의고 두 아들을 키우던 요네 스즈키Yone Suzuki가 경영하던 회사였는데, 1900년대 초 설탕, 캄퍼(장뇌), 부동산 투자에서 막대한 이윤을 남기게 되고 이후 제조업과 운송업으로 빠르게 사업을 확장했다. 요네 스즈키는 1918년 일본에서 가장 부유한 여성, 1927년 세계에서 가장 부유한 여성으로 손꼽혔으나 1927년 쇼와 금융위기의 발생과 함께 Suzuki & Co는 파산하게 된다. 오늘날 Suzuki & Co의 후신으로 남아 있는 회사는 Kobe Steel과 Sojitz사 정도이다.[52]

Kobe Steel은 이 Suzuki & Co이 일본 중공업산업의 강자로 성장하는 데 핵심 역할을 하였다. 1914년에 일본 최초로 에어컴프레서를 개발하였으며, 1916년 철강 압연재를 생산하고, 1926년 일본 최초의 시멘트 공장을 설립하였으며, 1937년에는 알루미늄 주조와 단조 사업을 시작하였다. 따라서 일본 정부가 타이타늄 산업을 시작할 때 Kobe Steel이 주도적인 역할을 하게된 것도 놀라운 일은 아니었을 것이다.[53]

　Kobe Steel은 1949년 일본에서 최초로 타이타늄에 대한 연구·개발을 시작하였다. 1953년 미국의 크롤 박사는 Kobe Steel의 타이타늄 연구소를 방문한 것으로 알려져 있다. 크롤 박사의 기술적 지원에 힘입어 Kobe Steel은 1954년 50kg의 타이타늄 잉고트를 생산해내고 1955년 최초로 미국에 샘플을 수출하게 된다. 1959년에는 연간 생산량 1,200톤 규모의 VAR 설비를 완공하고 일본 최초의 터보제트(J-3) 엔진용 타이타늄 합금을 생산하였다. 이후 Kobe Steel은 주요 사업인 철강뿐 아니라 구리, 알루미늄 소재 생산과 더불어 용접 제품 생산 등으로 사업을 확장했다.

Kobe Steel을 방문한 크롤 박사

(출처: Kobe Steel)

1968년 7월 15일 뉴욕타임스에는 Kobe Steel이 타이타늄 신합금을 개발하였다는 작은 기사가 실렸다. 80% 타이타늄과 15% 몰리브덴, 5% 지르코늄으로 이루어진 이 합금은 기존 CP 타이타늄에 비해 내식성을 3배 개선한 것으로 보도되었다.[54] 적어도 이미 1960년대가 되면 일본의 타이타늄 산업은 미국에서도 주목하는 정도로 성장했음을 보여주는 단초라 할 수 있다. 또한 앞서 언급한 대로 일본의 타이타늄 산업은 화학 산업 등 비방산 분야에서 내식성을 위주로 한 수요를 중심으로 성장했음을 알 수 있다.

　　Kobe Steel은 1993년 일본국제전시회장Big Sight에 타이타늄 패널을 공급하였다. 이 당시 일본국제전시회장은 타이타늄 소재를 사용한 세계 최대의 건물로 기록되었다.[55]

Tokyo International Exhibition Center(일본국제전시회장)

(출처: 위키피디아)

1999년 기준으로 Kobe Steel의 타이타늄 잉고트의 누적 생산량이 10만 톤을 기록하였는데, 이는 일본 회사들 중에서는 최대 생산량이다. 2008년 기준으로 잉고트 연간 생산량 1만 1,000톤의 캐파를 보유하고 있다.[56] 2001년 일본 회사로는 처음으로 항공 엔진 제조사인 Rolls Royce롤스로이스의 컴프레서 디스크 공급사로 승인되었다. 뒤에서 다루어지겠지만 Kobe Steel은 Hitachi Metals히타치메탈과 함께 2014년 일본 최대 단조 회사를 설립하는 등 타이타늄을 비롯한 특수 합금 업계에서 2조 엔가량의 매출을 올리는 독보적인 위치로 성장했다.

하지만 2017년 Kobe Steel이 지난 50년 동안 국내외 사업장에서 생산된 금속 제품의 강도와 그 외 특성에 대한 시험 데이터를 조작했다는 전무후무한 사건이 발생하면서 Kobe Steel의 평판은 엄청난 손실을 입었다. 고객이 요구하는 사양을 맞추기 위해 품질 데이터를 조작했다는 사실이 발견되자 Kobe Steel은 강도 높은 수사를 받았고 그 결과 Kobe Steel이 생산한 강재를 사용하는 자동차, 항공, 방산, 철도 회사 등 전 세계 약 500개 기업이 영향을 받은 것으로 나타났다. Kobe Steel의 조작 사건은 Kobe Steel을 넘어서 일본 제조업 전체의 평판에도 지대한 영향을 끼쳤다.

Toho Titanium: 미·일 동맹의 상징

전 세계 타이타늄 공급사슬 안에서 Boeing-VSMPO에 버금가는 만큼 중요한 관계가 Toho Titanium도호 타이타늄과 TIMET과의 관계일 것이다. Toho Titanium은 1953년 Nippon Mining Co., Ltd(현재 JX Nippon Mining & Metals)에 의해 설립되었다. 이들의 주업은 구리 제련이었는데, 창업자인 고이지로 이시주카Kojiro Ishizuka와 아들 히로시 이시주카Hiroshi Ishizuka는 Osaka Titanium오사카 타이타늄의 창업자이기도 하다. 사실상 일본의 주력

타이타늄 업체 두 곳이 모두 한 가족에 의해 설립되었다는 것이 참으로 흥미롭다. Osaka Titanium에 대한 내용은 뒷장에서 다루기로 한다. 간단한 연혁을 살펴보면 Toho Titanium은 1954년부터 스펀지를 생산했으며 미국으로 수출하기 시작한다. 1960년 타이타늄 제강을 시작하였고, 잉고트를 처음으로 생산하기 시작하였다.

1990년대 Toho Titanium은 TIMET의 네바다에 위치한 스펀지 공장을 설립하기 위한 기술적 자문을 제공하면서 다른 일본 업체들과 United Titanium Sponge Corp^UTSC라는 컨소시엄을 형성하여 TIMET의 지분 25%를 보유하기도 하였다. 2007년에는 2010~2024년간의 스펀지 장기 공급을 위한 구매계약을 TIMET과 체결하였다. 2008년을 기준으로 Toho Titanium의 잉고트 생산 캐파는 1만 9,000톤이다.[57]

2014년 Toho Titanium는 사우디아라비아 얀부Yanbu에 타이타늄 스펀

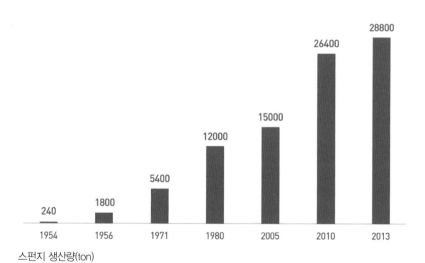

스펀지 생산량(ton)

(출처: Toho Titanium)

지 생산을 위한 합작 회사 설립에 합의한다. 사우디아라비아측은 국영회사인 Tasnee(National Industrialization Company)와 Cristal(National Titanium Dioxide Company)에서 50 : 50으로 출자한 Advanced Metal Industries Cluster Company AMIC를 설립하고 Toho Titanium과의 합작 회사는 Toho Titanium이 35%, AMIC이 65%의 지분을 보유, 총 1.2억 달러를 투자하는 것으로 알려져 있다.[58]

일본 Chiyoda사에서 공사를 맡은 이 생산 설비는 1만 5,600톤의 스펀지 생산 규모를 갖고 있으나,[59] 2017년 준공 후에도 기술적인 문제로 인해 2019년에서야 실제 스펀지 생산을 시작한 것으로 알려있다. 이 스펀지 생산에 필요한 사염화타이타늄은 Cristal에서 공급하고, Toho Titanium의 기술력을 통해 생산된 스펀지를 중동과 일본 시장에 공급하는 것을 목표로 하고 있다. (Cristal의 이산화타이타늄 생산 설비는 2019년 초 미국 업체인 Tronox에 매각되었다.)

본 프로젝트는 타이타늄 생산을 통해 항공, 자동차 산업 등에서 고부가가치 상품을 생산하고자 하는 사우디아라비아의 국가 경제 정책에 부합하며 적극적인 지원을 받았다. 실제로 2019년 사우디아라비아가 발표한 국가 발전 계획인 'Vision 2030'에는 우주항공 산업 발전 전략의 첫 단계로 '알루미늄과 타이타늄과 같은 항공 분야 필수 소재를 기존 국내 업체들과의 협력을 통해 국내 생산' 하는 것을 강조하고 있다. 얀부 스펀지 공장이 생산에 돌입하고 미국이 자국 내 스펀지 생산을 중단하면서 사우디아라비아는 단숨에 세계 5위권의 타이타늄 스펀지 생산국으로 도약했다. Toho Titanium 측에서 보면 전력 소모가 큰 스펀지 생산 공정을 전기세가 저렴한 사우디에서 생산함으로써, 한계에 도달한 일본 내 스펀지 생산 능력을 확대하고 다른 경쟁 업체에 대한 가격경쟁력을 확보할 기회를 얻었다.

한편 2020년 TIMET의 수입산 스펀지에 대한 추가 관세 요청이 부인되자 TIMET은 국내 스펀지 생산을 종료하였고 대신 Toho Titanium에서의 스펀지 수입을 확대하기로 결정하였다. 즉, Toho Titanium과 TIMET의 관계는 미국 최대의 타이타늄 생산 회사의 원천 소재에 대한 공급을 의존할 만큼의 장기적이고 핵심적인 협력 관계이자 미국과 일본 간 동맹의 결속력의 상징이라 할 수 있다.

Osaka Titanium: 고급 원천소재 생산의 강자

Osaka Titanium Technologies는 앞서 말했듯 이시주카Ishizuka 부자에 의해 1937년에 설립되었다. 설립 당시의 이름은 Osaka Special Steel Manufacturing이었다. 1952년 지분을 Sumitomo Metal스미토모 메탈에 넘기면서 타이타늄을 생산하게 되고 사명도 Osaka Titanium으로 변경하게 된다. 이후 Kobe Steel이 지분을 갖게 되고 2002년 Sumitomo Titanium으로 사명을 변경했다가 다시 2007년 Osaka Titanium Technologies로 변경하였다. 현재 VSMPO에 이어 세계에서 두 번째로 큰 스펀지 생산 업체이다. Nippon Steel과 Sumitomo Metal이 합병하면서 Nippon Steel과 Sumitomo Metal이 지분의 24%, Kobe Steel이 24%의 지분을 보유하고 있다. 2021년 Kobe Steel은 Osaka Titanium의 일부 지분을 매각하여 지분율이 14%로 낮아졌다.

스펀지 생산 업체로 시작하였지만 1981년부터 자체적으로 잉고트 생산 설비를 갖추었고 2008년 기준 스펀지 연간 생산 캐파 3만 2,000톤과 잉고트 캐파 1만 톤인 것으로 알려졌다.[60] 후에 Sumitomo Metal에 편입된 Nippon Steel에 슬라브를 공급하여 Nippon Steel에서 타이타늄 압연 판재를 생산·판매하고 있다. 현재 크게 3개의 사업부로 나눠져 있는데, 사염화타이타늄, 타이타늄 스펀지, 타이타늄 잉고트를 생산하는 타이타늄 사업부, 고순도 타이타늄, 타이타늄 파우더 등을 생산하는 고성능 소재highly functional material 사업부, 반도체용 폴리실리콘을 생산하는 폴리실리콘 사업부가 있다. 오사카 타이타늄은 항공 엔진용 5N(99.999%)의 고순도 타이타늄 스펀지와 반도체용 11N(99.999999999%)의 고순도 폴리실리콘을 생산할 수 있는, 원천소재 분야의 강자이다.[61]

중국: 급격한 성장과 그 이면

중국 타이타늄 산업의 시작은 1954년 제1차 5개년 경제개발계획의 수립과 함께한다. 이 해 베이징비철금속연구총원에서 타이타늄에 대한 연구를 시작하였으며, 이후 중국 타이타늄 산업은 1954~1978년의 도입기, 1979~2000년의 성장기, 2001년 이후의 도약기를 거쳐 오늘에 이르렀다. Baoji Titanium바오지 타이타늄이 1965년에 설립되었으나 중국의 타이타늄 생산이 산업화되며 본격적으로 생산을 시작하게 된 시점은 1970년대 후반이라고 볼 수 있다. 현재 중국은 미국, 러시아, 일본과 함께 타이타늄 4개 강국으로 꼽히며 스펀지 생산에서 중간재 생산까지 생산 캐파를 급속히 증가시켰다. 현재 주요 스펀지 생산 업체로는 8개 기업이 있으며, 이중 FuShun Titanium과 Liaoning Titanium은 1958년에 설립되었고 Zunyi Titanium은 1968년에 설립되었다.[62] 중국의 스펀지와 타이타늄 제품은 약 23% 정도가 수출되며 나머지는 중국의 내수 시장을 주력으로 하고 있으나 점차 해외 시장에서의 비중도 높아질 것으로 예상된다.[63]

다음 그래프에서 볼 수 있듯이 중국의 타이타늄 스펀지 생산량은 2000

년에 이르기까지 정체되어 있었다. 2001년 중국의 제10차 5개년 경제개발계획에서 전략적 중요성을 지니는 기술에 대한 집중적 투자를 강조한 '863 프로그램'과 민간 - 군사용으로 사용될 수 있는 이중 용도 기술을 강조한 '973 Program Torch Plan'을 통해 항공 · 방산 산업과 타이타늄 산업이 지원을 받으며 그 성과가 나타나기 시작한다.

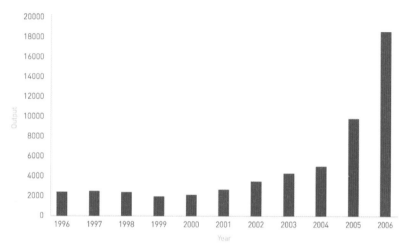

중국 타이타늄 스펀지 생산량(ton)
(출처: Lian Zhou, "Review of Titanium Industry in China", International Titanium Association, 2007)

　　2003년 이후 중국의 타이타늄 생산은 비약적으로 성장했는데, 2005년과 2006년 타이타늄 스펀지의 연간 생산량은 각각 98%, 90%씩 성장했다. 2006년은 중국이 타이타늄의 순수출국이 된 해인데, 이때 타이타늄 스펀지의 연간 생산량은 5만 4,000톤, 잉고트의 생산 캐파는 4만 600톤으로 이미 미국, 러시아, 일본에 이은 세계 주요 타이타늄 생산국으로 자리매김하게 된다.
　　2014년에 이르면 중국 타이타늄 스펀지 생산 캐파는 연간 14만 톤으로 급증하며, 이는 당시 전 세계 스펀지 생산 캐파의 약 45%에 해당했다.[64] 이때 중국의 최대 스펀지 생산 업체는 Zunyi로 생산 캐파가 약 3만 4,000톤으로 알려졌다. 다만 생산 캐파가 곧 실제 생산량을 의미하는 것은 아니다. 2018년 중국의 스펀지 생산량은 약 7만 5,000톤 정도로 알려졌으며, 이 중 주요 8개 생산 업체 중 Pangang Titanium이 1만 7,600톤, Sunrui Wanji 1만 5,000톤, Baisheng 1만 3,200톤, Zunyi 9만 4,00톤을 생산하였다.[65] 2020년 COVID-19으로 인해 전 세계 항공 업계와 타이타늄 업계가 타격을 입었을 때도 중국의 타이타늄 산업은 크게 영향을 받지 않은 것으로 보인다. 2020년 중국의 타이타늄 스펀지 생산량은 12만 2,958톤으로 2019년도에 비해 무려 44.9%나 증가한 것이다. Pangang Titanium이 2만 2,768톤, Jinda Titanium 1만 6,118톤, Sunrui Wanji 1만 6,000톤, Baisheng 1만 3,560톤, Zunyi 1만 2,500톤을 생산하였다. 주목할 만한 점은 신규 업체가 지속적으로 생겨나고 있다는 점이다. 신장 지구에 위치한 Xiangsheng New Material이 1만 5,430톤, Lomon Billions Xinli Titanium이 8,870톤을 생산한 가운데, 중국 최대 타이타늄 업체인 BAOTI가 생산한 스펀지는 8,212톤에 머물렀다.[66]

타이타늄의 제강에 있어서 중국은 2016년 기준으로 약 연간 13만 8,000톤 규모로 미국에 필적할 만한 캐파 수준에 도달하였다.[67] 2018년 중국의 잉고트 생산 업체는 약 31개가 되는 것으로 알려졌으며 총 생산량은 7만 5,000톤이었다.[68]

중국이 우주항공 용도로의 타이타늄을 본격적으로 접하게 된 것은 1998년 Shenyang J-11 전투기의 생산을 시작한 시점으로 볼 수 있다.[69] 러시아 전투기 Sukhoi Su-27의 디자인을 기반으로 하고 있으며, 중국이 1996년 러시아로부터 Su-27 200대를 27억 달러에 구매하면서 러시아에서 하부 시스템과 키트를 공급받아 중국에서 조립 생산하는 것을 조건으로 하고 있었다. 2000년도까지 5대, 2003년까지 20대가 생산되었는데, 이때가 되면서 중국 현지에서 고품질의 부품 생산이 가능해지고 러시아가 중국산 부품 사용을 거부하지 않으면서 공동 생산이 진행되었다. 하지만 2004년 중국이 국내산 하부 시스템으로 J-11B 모델을 개발하고 있는 것이 알려지고, 이는 러시아와의 계약 위반에 해당되면서 공동생산 계약은 종료되었다.[70] Su-27은 1977년 첫 비행을 시작하였는데, 미국의 F-15와 F-16에 대항하기 위해 개발된 기종이었다. 기체는 알루미늄과 타이타늄 합금으로 구성되어 있었으며, 기존의 소련 전투기와 가장 차별되는 점은 새롭게 개발된 AF31F 엔진이 타이타늄 소재의 사용을 증가시켜 경량화, 추진력, 연료 효율성을 획기적으로 개선한 것이다.[71] 중국이 Su-27 라이센스 생산을 통해 얻은 기술과 생산 경험이 2011년 공개한 J-20의 개발에 모태가 되었을 것으로 추정하고 있다.[72]

중국 타이타늄의 대부분은 우주항공·방산보다는 일반 산업용으로 사용되고 있는데, 2006년 우주항공·방산용 타이타늄은 전체 중국 타이타늄 소비의 약 9.7%에 불과하였다. 약 38%의 타이타늄 제강 제품이 화학 산업용으로, 24%가 레저 산업에서 사용되었다. 이 당시 중국의 타이타늄 산업에 대한 관심과 투자가 상징적으로 표현된 것이 중국국립대극장China National Grand Theatre의 외피를 타이타늄 - 복합재 패널로 장식한 것이라 할 수 있다. 하지만 흥미롭게도 정작 이 타이타늄 패널 자체는 Nippon Steel이 생산한 것이다.

국내 산업의 규모 확대를 기반으로 중국은 항공 및 방산용 타이타늄의 생산과 개발을 위한 정책적 지원을 통해 확실한 성과를 이루고 있다. 이러한 관심과 지원은 자국의 항공 산업을 발전시키기 위한 명확한 목적에

중국국립대극장

서 비롯되었다. 중국은 2008년 국영회사인 중국상용항공기공사Commercial Aircraft Corporation of China(COMAC)를 설립한 이후 민간 항공기를 자체적으로 생산하기 위해 총력을 기울였다. 2015년 운항을 시작한 ARJ21은 COMAC이 처음 생산한 소형 항공기로서 약 90명의 승객을 태우고 중국 국내 단거리 항공 시장에서의 점유율을 높여가고 있다.

2016년 미국에서 발간된 중국국가R&D정책에 대한 분석 보고서를 보면 2015년까지 중국은 첫째, 항공 엔진, 가스 터빈 블레이드, 고온 정밀 주조 기술과 둘째, 우주항공용 고성능 알루미늄과 타이타늄 합금 제조 기술 분야를 집중적으로 성장시켰다.[73] 특히 2016년까지 항공용 고강도 철강 합금과 타이타늄 합금 생산의 국산화를 달성하는 것을 목표로 하고 있다. 중국은 2015~2016년에 이미 흔히 '3D 프린팅'이라 불리는 적층제조에서 타이타늄 적용에 이미 상당한 관심을 보이고 있으며, 이 분야에서 많은 성과를 이루어가고 있는데, 중국산 타이타늄 파우더 산업 역시 이에 힘입어 빠르게 성장하고 있는 것으로 보인다. 2018년 중국의 타이타늄 파우더의 생산량은 2,870톤에 이른다.[74] 중국의 항공 산업에 대한 정책적 지원에 힘입어 중국의 대표적인 타이타늄 회사인 BAOTI는 Boeing과 Airbus, Rolls Royce 등으로부터 소재 승인을 획득하였다.[75]

하지만 중국의 타이타늄 산업이 급속도로 성장한 이면에 타이타늄의 원천 기술을 어떻게 확보하였는지는 논란이 되고 있다. 2012년 샌프란시스코 법원은 DuPont사가 보유한 이산화타이타늄의 생산 비밀을 빼돌려 중국의 Pangang Titanium에 제공하기로 한 5명에 대해 경제스파이법Economic Espionage Act 위반으로 기소를 결정하였다. 이산화타이타늄은 타이타늄 스펀지의 원소재이며 DuPont이 가진 기술은 중국의 생산 방식보다 훨씬 효율적이고 청정한 것으로 알려졌으며, 이는 중국이 R&D를 통한 기술 개발에 필요한 시간을 단축시키기 위한 것으로 알려졌다. 이러한 사실은 FBI의 조사를 통해 밝혀졌으며 이 5명 이외에도 중국 Pangang Group에 속한 4개 자회사도 함께 기소되었다.[76] Pangang Group 은 중국 국유자산 감독위원회SASAC의 지배를 받는 것으로 알려졌다.

2016년 커네티컷 법원에서는 무기수출 통제법Arms Export Control Act 위반으로 기소된 유 롱Yu Long이 유죄를 인정하였다. 롱은 중국 국적이며 미국 영주권자였다. 그는 2008~2014년까지 미국 방산기업인 United Technologies CorporationUTC의 연구조직인 United Technologies Research CenterUTRC에서 연구원으로 근무하였다. 그 과정에서 롱은 UTC의 자회사인 엔진제조사 Pratt & Whitney프랫앤휘트니의 프로젝트에 참여하였다. 2013년부터 롱은 중국의 대학 및 연구소에서 취업을 시도하며 특히 Shenyang Institute of Automation에 이력서를 보내면서 자신이 F119 엔진과 F135 엔진 프로젝트에 참여하였고, 자신의 연구 경험이 중국의 항공 엔진 개발에 기여할 것이라고 언급하였다. F119는 F-22 랩터에 사용된 엔진이며 F135는 F-35 Lightning II에 사용된 엔진임을 고려할 때 사안의 중대성을 예상할 수 있다. 롱은 이후 중국을 방문하여 UTRC에서 다운로드한 다수의 기술자료를 중국에 넘겨주었으며 이는 명백한 미국 수출 통제법 위반이었다. 그는 2014년 뉴저지 공항에서 중국으로 출국을 시도하던 중 FBI에 의해 체포되었는데, 체포 당시 그가 소지하고 있던 USB에는 미국이 전투기 소재로 새롭게 개발 중인 특수 타이타늄 합금에 대한 시험 데이터 등이 포함되어 있었던 것으로 알려졌다. 롱[77]의 체포는 FBI와 국토안보국HIS 등 다수의 미 수사기관이 합동으로 조사한 결과였다.

BAOTI: 중국 타이타늄 산업의 챔피언

Baoji Titanium의 모태인 BAOTI Group은 중국의 제3차 5개년 개발계획하에서 1965년 '군수 산업을 위한 모든 것'이라는 기치하에 '902'라는 코드네임으로 설립되었다. 설계, 건설, 연구, 생산을 동시에 한다는 원칙하에서 희소 금속에 대한 자력 생산의 기초를 닦기 위한 시도였다. 이러한 시도는 당시 중·소 갈등이 심화되던 시기 소련의 군수 산업에 대한 의존에서 탈피하기 위한 것이었다. 1972년 '902'라는 코드네임에서 Baoji Non-Ferrous Metals Processing Factory라는 이름으로 변경되었으나 중국 금속 산업부의 산하에 속한 사업장이었다. 1983년에 법인화되어 China Non-Ferrous Metal Corporation이라는 명칭으로 법인화되었고 당시 중국 정부의 '민·군 겸용, 민수 개발'이라는 정책 기조 덕분에 방산 분야를 넘어서

일반 산업으로의 타이타늄 시장이 확대될 수 있었다.[78]

1999년 Baoji Titanium Industry Co. Ltd.가 설립되었고 2002년 상하이 증시에 상장되었다.[79] 현재는 BAOTI Group의 소속이며 BAOTI라는 약칭으로 불린다. BAOTI는 스펀지, 주조, 단조, 압연, 파이프, 선재, 봉재, 정밀 주조 등 거의 모든 형태의 타이타늄 중간재를 생산하고 있다. 2007년에는 Boeing과 2007~2009년 사이 총 4,300톤가량의 타이타늄 소재를 1.3억 달러에 공급하는 계약을 체결했다고 발표하였다. BAOTI는 현재 중국 타이타늄 제품의 40%를 생산하는 것으로 알려져 있다. BAOTI 이외에도 스펀지 생산과 잉고트 제강을 할 수 있는 다수의 업체들이 생겨났으나 BAOTI가 가지는 전략적 중요성은 중국 국내 방산과 항공 산업용 타이타늄의 95%를 BAOTI가 공급한다는 점에서 나타난다.

2007년 중국정부는 2010년까지 중국 산시성에 대형 타이타늄 공업 클러스터를 조성한다는 계획을 발표하였는데, 이 China Titanium Valley 조성 정책에서 BAOTI는 핵심적인 역할을 담당하였다.[80] 중국 타이타늄 밸리으로 잘 알려진 'Baoji High Tech Zone'은 중국 타이타늄 생산의 80%, 전 세계 타이타늄 생산의 20%를 차지한다.[81] 2014년 이 지역 타이타늄 산업의 매출은 약 330억 위안으로 2020년 에는 약 1,000억 위안(약 155억 달러) 규모로 성장할 것으로 예상되었다.[82] 중국 타이타늄 밸리의 특징은 이곳이 단순한 생산 기지를 넘어서 연구, 가공, 품질 검사, 마케팅, 트레이딩 등 타이타늄 관련 다양한 업종의 업체들이 소재하고 있어 제조업 기반에서 고부가가치인 서비스 산업으로 그 폭을 넓혀가고 있다는 점이다. 또한 타이타늄 생산을 통해 축적된 기술을 바탕으로 지르코늄, 텅스텐, 니오비움, 몰리브덴과 같은 다른 희소금속의 생산으로도 그 영역을 확장하고 있다.

유럽: 메이저가 아닌, 그러나 살아남은

　유럽의 항공 산업은 분명 제1차 세계대전 때만 하더라도 세계에서 가장 발달해 있었다. 특히 항공 엔진의 생산에서는 영국과 프랑스, 독일이 기술을 선도하고 있었다. 제2차 세계대전을 거치면서 전투기의 생산에서 그 양적인 면에서는 이미 미국에 추월당하였고 이후 미국과 소련이 엄청난 투자를 아끼지 않은 반면, 유럽은 전후 경제 재건 때문에 항공 산업에만 집중할 수 없었다. 따라서 유럽의 타이타늄 시장의 성장 역시 비교적 늦게 이루어졌다. 1967년 기준으로 서유럽 전체의 타이타늄 생산량은 미국의 10%에 불과했고 이 중 60%가 영국에서 생산되었다.[83] 영국의 대표적인 타이타늄 기업인 Imperial Metal Industries(IMI)가 한때 세계 3위의 생산량을 기록하는 등 서유럽 최대의 타이타늄 회사로 성장했다. IMI는 1862년 설립되어 비누, 자전거 부품에서 비철 합금 제강까지 아우르는 다품종 제조 회사로 발전하였으나 20세기 초반에는 제강 분야에서 특히 두각을 드러내었다. 이를 바탕으로 1950년대 초반 타이타늄의 상업적 생산을 위한 공정을 터득하게 되고 이후 Yorkshire Imperial Metals와 같은 금속 회사 등을 인수하며 성장하다 1990년대 제강과 관련된 사업들을 정리하게 된다.

　1970년대 후반에 이르면 서유럽의 타이타늄 생산량은 미국의 25~30% 정도로 증가하게 된다. 이러한 성장의 배경에는 Airbus가 민간 항공기의 대량생산에 들어간 것이 있으며 항공 부문의 비중 역시 약 70%에 달하게 된다.[84] 1981년 자료를 보면 서유럽에서는 오로지 IMI가 3,000톤의 생산 설비가 있었으나 1982년 이후로 중단되었다. 당시 전 세계 스펀지 생산 캐파가 22만 7,700톤이었던 점을 고려하면 미미한 수준이었다. 잉고트 제강 측면에서도 IMI 8,000톤, 프랑스의 CEZUS 2,000톤, 독일의 Krupp

3,000톤, Contimet 3,000톤, Teeside 4,000톤의 캐파를 보유하고 있었다.[85]

앞서 언급한 대로 서유럽 최대 타이타늄 업체였던 IMI는 1996년 TIMET에 매각되어 TIMET UK로 개명되었다. 영국 Swansea에 위치한 이 공장에서 Rolls Royce 엔진에 들어가는 타이타늄 제품을 생산하고 있다.[86] 영국에 Rolls Royce와 같은 항공 산업의 수요처가 존재하였기에 IMI는 TIMET에 흡수되고도 현재까지 명맥을 이어오고 있다.

프랑스와 독일의 경우 이들 국가에서 생산된 타이타늄의 거의 대부분은 화학 산업을 위한 것이었다. 프랑스에서는 원자력 발전용 지르코늄 스펀지 생산 업체인 CEZUS가 타이타늄 생산을 시작하게 된다. 1974년 프랑스의 국영 전력 회사인 EDF는 원자력 발전소의 배관 소재를 기존에 사용되던 구리 - 니켈 합금과 알루미늄 - 황동 합금에서 타이타늄으로 변경하였다. 훨씬 높은 가격에도 불구하고 그러한 결정을 내리게 된 배경에는 타이타늄이 오염수나 해수에 대한 내식성이 월등하였기 때문이다. 실제로 CEZUS는 화학 산업용으로 알루미늄 5~6%, 몰리브덴 1.5~2.5%가 첨가된 타이타늄 합금UT662을 개발하기도 하였다.[87] CEZUS 역시 1990년대 미국 TIMET에 인수되었다.

독일의 경우 크롤 프로세스를 발명해낸 크롤 박사가 독일 출신임에도 자국 내 스펀지 생산 능력을 보유하지 않고 있었다. 스펀지 설비를 건설하는 데 상당한 투자가 필요한 점과 당시 이미 선발 주자인 일본과 소련 등에서 저가의 스펀지가 공급되고 있었던 점이 그 이유라 할 수 있다. 이후 독일 타이타늄 업체 Contimet은 철강 회사인 Thyssen에 인수되어 Thyssen Contimet이 되었고, 1999년 독일의 양대 철강 회사인 Thyssen과 Krupp이 합병하면서 타이타늄 사업도 ThyssenKrupp Titanium으로 정리되었다. Krupp은 1989년 독일의 니켈 합금 전문 업체인 VDM을 인수하였는데, 2009년부터 Thyssen Krupp의 타이타늄 사업은 VDM 쪽으로 이관되었다. 오늘날 VDM Metals는 독일 최대 타이타늄 생산 업체이며 잉고트 생산 캐파는 약 5,000톤으로 알려졌다.[88]

거대 소재 기업의 등장: Alcoa와 PCC

현재 우리는 세계 특수합금 산업에서 거대 소재 기업의 등장을 목격하고 있다. 이들의 특징은 크게 두 가지로 정리할 수 있다. 첫째는 단일 금속에서 다수의 금속들로의 횡적 확대이며, 두 번째는 용해에서 시작하여 단조를 거쳐 최종 가공까지 이르는 수직일원화를 향한 종적 확대이다. 이러한 측면에서 가장 눈여겨보아야 할 회사들은 미국의 Alcoa알코아와 PCC이다.

Alcoa의 경우 1888년 Aluminium Company of America라는 회사명으로 설립되어 1998년 Alcoa로 명칭을 변경한 후 이로 널리 알려져 있는 현재 세계 최대 알루미늄 기업 중 하나이다. 단순히 알루미늄 정련뿐만 아니라 보크사이트를 광산에서 채굴하고 이를 알루미나로 정련하여 알루미늄으로 정련한 후 중간 제조 과정을 거쳐 다양한 최종 제품을 생산하는 것까지 일찌감치 알루미늄 생산의 수직계열화를 이루었다. 이미 우리에게 잘 알려진 주방용 알루미늄 호일을 1910년에 개발해낸 것이 Alcoa이다. 1955년 미 공군에 의해 건설된 5만 톤 대형 프레스를 임대하여 우주항공과 방산 분야의 알루미늄과 타이타늄 단조품을 공급하였다. 한때 서방 세계에서 생산된 어떤 여객기도 Alcoa의 소재가 쓰이지 않은 것이 없다는 말이 있을 만큼 항공 산업에서도 확고한 위치를 갖고 있다. Alcoa가 인수한 회사들의 면면을 보면 2000년 알루미늄 정밀 주조 기업인 Howmet

을 인수하고, 2005년 VSMPO가 러시아 남부 지역 사마라에 보유한 7만 5,000톤 단조 프레스를 인수하여 단조 분야에서의 경쟁력을 강화하였다. 2013년에는 아예 VSMPO와 합작 회사인 AlTi Forge를 설립하여 초고온 내열 소재인 타이타늄 알루미나이드titanium aluminide 단조품의 개발과 생산을 목표로 하고 있다.[89]

2014년에는 영국의 유서 깊은 항공 엔진 부품 제작사인 Firth Rixson퍼스 릭슨을 23억 5,000만 달러에 인수하였다. Firth Rixson은 항공 엔진용 단조 링의 생산과 등온 단조isothermal forging를 전문으로 하는 기업이다. 이러한 기업 인수는 Alcoa가 알루미늄이라는 소재의 가치 사슬 안에서 더 부가가치가 높은 제품 생산 쪽으로 확장하고 있음을 시사한다. 이후 알루미늄 강종에만 치중되어 있던 사업 영역을 확장하기 위해 2015년 미국 3대 타이타늄 업체 중 하나인 RTI를 15억 달러에 인수하였다. 이 인수 건에 대한 당시의 평가는 다음과 같다.

> 알코아와 같이 강력한 플레이어가 타이타늄이라는 특수금속 시장에 진입하고 있다. 이것은 알코아가 제트엔진과 Airbus와의 비즈니스에 추가적으로 진출할 수 있는 가능성을 만들었다.
> Here you have a very strong player (Alcoa) moving into a specialty metal marketplace (titanium). This creates the possibilities of Alcoa moving further into jet engines and doing business with Airbus.[90]

Alcoa의 이러한 다각화의 전략은 항공 소재 분야에서의 알루미늄의 비중이 타이타늄과 니켈 합금 등에 밀려 점차 줄어들고 있는 데 기인한다. 더 이상 알루미늄의 글로벌 선도적 기업이 아닌 경량 금속의 엔지니어링

과 제조의 글로벌 리더가 되기로 목표를 수정한 것이다.[91] 2015년 Alcoa
는 RTI를 인수한 후 약 11억 달러 상당의 F-35의 타이타늄 공급 계약을
Lockheed Martin록히드마틴과 체결한다. 이것은 Alcoa가 이미 Lockheed Martin
에 공급하고 있는 알루미늄 단조품들과 단조 링, 엔진 부품들 이외에도
타이타늄 시장에 성공적으로 진입하였음을 시사한다. 이것은 Alcoa가 추
구하는 '다소재 제공Multi-Material Offerings'[92]의 첫 시작이다. Alcoa의 이러한
저돌적인 성장의 이면에는 2008년에서 2017년까지 Alcoa의 CEO이자 이
사회 의장(2010년부터)으로 재직한 클라우스 클레이펠드Klaus Kleifeld가 있
다. 독일 태생으로 부르츠버그대학에서 경영학 박사학위를 받은 그는 독
일 지멘스에서 커리어를 시작하였고 Alcoa의 CEO로 부임한 이후에는 앞
서 언급된 적극적인 사업 확장 전략을 통해 Alcoa의 성장을 주도하였으나
알루미늄 가격 하락으로 인해 Alcoa의 매출과 주가가 하락하자 헤지펀드
인 Eliot Management의 공격을 받게 된다. 이 결과로 그는 2017년 불명예
스러운 퇴진을 하게 되었다.

2016년 Alcoa는 알루미늄의 업스트림 부분은 Alcoa로 이를 제외한 알
루미늄 성형 사업과 특수합금 분야 사업부를 통합하여 Arconic알코닉이라
는 독자적인 브랜드를 런칭하였으나 2020년 Howmet Aerospace로 명칭
을 변경하였다. Alcoa의 2014년 매출은 131억 달러였고 2018년 134억 달러,
2019년 104억 달러, 2020년 92억 달러였다. Arconic의 경우 2016년 66억 달
러에서 2018년 74억 달러, 2019년 72억 달러를 기록했고 2020년에는 56억
달러로 하락하였다. COVID-19으로 인한 경영 악화로 Howmet Aerospace하
우멧 에어로스페이스는 2020년 인원의 1/3을 감축하고 배당금을 취소하는 등
비용 절감에 돌입하는 동시에 비항공 분야 매출 증대에 주력하였다.

또 다른 거대 소재기업의 사례인 Precision Castparts Corp(PCC)는 1953

년 설립되었고 주조 제품의 생산으로 명성을 떨치게 된다. 1962년 진공용 해로를 설치하였고 이 덕분에 항공 분야 주조품을 생산할 수 있는 능력을 갖추게 된다. 1967년 GE로부터 TF39 엔진 부품에 대한 계약을 수주하면서 본격적으로 항공 산업에 진출하게 되었고 이후 GE가 생산하는 각종 항공 엔진의 주요 부품들을 공급해왔다. 1985년 프랑스의 타이타늄 제강 공장Messier Fonderie d'Arudy을 인수하였고 현재는 PCC France로 불리고 있다. 1987년부터는 가스 터빈 시장으로도 사업을 확장하였고, 1999년에는 미국 최대 단조 회사인 Wyman-Gordon을 인수하여 주조라는 사업 영역을 벗어나 단조 산업으로 진출하게 된다. 2003년 항공기 패스너 생산 업체인 SPS Technologies를 인수하였고 2006년에는 세계 주요 니켈 합금 생산 업체 중 하나인 Special Metals를 인수하였다. 그리고 2012년 미국 1위의 타이타늄 회사인 TIMET을 29억 달러에 인수하였다. 당시 PCC의 이사회 의장이자 CEO인 마크 도네건Mark Donegan은 TIMET의 인수 건에 대해 다음과 같이 평하였다.

> TIMET은 현재 우리의 생산 포트폴리오에서 항상 결여된 부분이었던 타이타늄 역량을 제공해줄 것이다. 2006년 우리가 Special Metals를 인수했을 때 니켈 합금 부분에서 그러했듯이, TIMET의 인수는 우리의 공급망을 간소화하고 우리의 핵심 공정에서의 투입 비용에 대한 관리 능력을 높이는 데 기여할 것이다. 우리가 항공 구조물 시장에서 지속적으로 성장함에 따라 이러한 공급 사슬은 더욱 많은 기회를 가져다줄 것이다.
>
> TIMET will provide us with the titanium capability that has always been a key missing piece of our overall product portfolio, PCC chairman and CEO Mark Donegan stated in November. As our

2006 acquisition of Special Metals did for us with nickel alloys,
acquiring Timet will enable us to streamline our supply chain and
better manage our input costs in our core operations. As we
continue to grow in the aerostructure market, this supply linkage
will present even more of an opportunity.[93]

Alcoa가 타이타늄을 통해 제트엔진이라는 시장에 진입하고자 한다면
PCC는 이미 내열 소재인 니켈 합금 역량을 보유하고 있었으므로 PCC의
관심사는 항공 구조물aerostructures로 집중되어 있다. TIMET에 이어 PCC
는 2015년에는 항공 부품 정밀 가공 업체인 Noranco를 5억 6,000만 달러
에 인수하였다. Norance는 에어프레임, 엔진, 랜딩 기어와 같은 항공 구
조물 시장에서 확고한 위치를 갖고 있을 뿐 아니라 정밀 가공 설비도 보
유하고 있어 이는 PCC가 생산한 소재의 수요처를 확보함과 동시에 최종
제품까지의 수직일원화를 공고히 할 것으로 전망되었다.[94]

니켈 합금 제강회사인 Special Metals와 TIMET을 모두 인수한 PCC는
이로써 항공과 에너지 산업용 소재의 가장 대표적인 타이타늄과 니켈 합
금의 생산 능력을 보유하게 되었다. 단조와 주조라는 매우 상이한 생산
방식을 모두 아우르는 공정을 보유하며 정밀 가공과 박판 성형, 패스너
제조, 정밀 가공에 이르는 수직일원화를 이루었다. PCC는 2015년 워렌 버
핏Warren Buffett의 Berkshire Hathaway에 무려 372억 달러에 인수되었다.

Alcoa와 PCC와 같은 거대소재기업의 등장이 시사하는 바는 크게 두
가지이다. 첫째, 우주항공 시장에서 특수합금 소재의 비중이 더욱 증가될
것이라는 점이다. Alcoa와 PCC는 대표적인 우주항공 소재인 알루미늄,
니켈, 타이타늄에 대한 생산 역량을 보유하고 강화하는 데 집중하고 있으

며, 그러한 이면에는 앞으로의 우주항공 시장의 성장 가능성에 대한 낙관적인 믿음이 존재한다. 둘째, 이러한 거대 소재 기업의 시장 영향력이 더욱 강화될 것이다. 이들 기업은 금속의 제강에서부터 단조, 주조와 같은 중간 공정, 가공과 같은 최종 공정까지 수직일원화된 생산 체계를 구축하였다. 수직일원화를 이루지 못한 경쟁 업체의 경우 가격 경쟁력에서 불리할 수밖에 없으며 경쟁사로부터 소재를 구매해야 하는 상황에 부딪힐 가능성이 높아졌다. 더욱이 Alcoa와 PCC는 항공 산업에서 수십 년에 걸친 경험을 갖고 있으며, Boeing과 같은 최종 고객사들의 품질 관리 시스템이나 구매 계약 프로세스에 매우 익숙한 강점을 갖고 있다. 이러한 강점으로 인해 후발 주자들이 항공용 금속 산업에 새롭게 진입하기 위해 넘어야 할 장벽 역시 더욱 높아질 것이다.

1   Op. Cit, Francis Masson.

2   https://www.theglobalist.com/yes-we-can-how-eisenhower-wrestled-down-the-u-s-warfare-state/

3   Op. cit., Simcoe.

4   http://content.time.com/time/subscriber/article/0,33009,809921,00.html

5   https://www.sec.gov/news/digest/1957/dig112157.pdf

6   Op. cit., National Materials Advisory Board, 1983.

7   Ibid.

8   Op. Cit., Turner.

9   "Titanium Sponge from Japan and the United Kingdom", 1984, United States International Trade Commission.

10 Allegheny and NL To Sell Metal Unit-The New York Times (nytimes.com).

11 "Titanium Metals Boom Has The Company Flying High", Aug 20, 1997. https://www.wsj.com/articles/SB872033108891707500

12 TIMET Form 10-K, 2011.

13 "Stockpiling Strategic and Critical Materials," 1953.

14 https://www.joc.com/quantum-sells-its-50-percent-interest-rmi-titanium_19900415.html

15 https://www.sec.gov/Archives/edgar/data/1068717/000095015207001633/l24102ae10vk.htm

16 http://www.army-guide.com/eng/article/article_105.html

17 https://www.defense-aerospace.com/article-view/release/3200/rti-to-make-components-for-xm_777-gun-%28oct.-4%29.html

18 https://www.businesswire.com/news/home/20111018006054/en/RTI-Announces-Agreement-to-Acquire-Titanium-Forming-Division-of-Aeromet-International-PLC

19 https://www.atimetals.com/aboutati/Pages/History.aspx

20 https://www.wsj.com/articles/SB878346825157283000

21 https://www.forgingmagazine.com/purchasing-and-mro/article/21922938/allegheny-techladish-merger-now-complete

22 https://www.globalsecurity.org/military/world/russia/industry-titanium.htm

23 "Current Status of Titanium Production, Research and Applications in CIS," 2007.

24 "Russia's Alfa-Class: The Titanium Submarine that Stumped NATO", National Interests, 2020.

25 "Why the U.S. Navy Never Built Titanium Submarines Like Russia", Mark Episkopos, Aug

10, 2021.

26 위키피디아, Mikoyan-Gurevich MiG-25.

27 "Production, Research and Application of Titanium in the CIS", I.V. Gorynin, 1999.

28 http://ussuperalloys.com/topics/specialty_metals_national_security

29 "VSMPO stronger than ever", Stainless Steel World, July/August 2001.

30 "A Russian phoenix struggles to stay free", Feb 20, 2006, Financial Times.

31 "Titanium aria: how billionaire Vyacheslav Bresht traded his business for opera," 러시아판 Forbes, Mar 2, 2015, (https://www.forbes.ru/milliardery/287887-ariya-titana-kak-milliarder-vyacheslav-bresht-promenyal-biznes-na-operu?page=0,0)

32 Op., Cit., Financial Times.

33 Ibid.

34 Ibid.

35 Ibid.

36 Op., Cit., Financial Times.

37 "Kremlin grabs control of physicists company," 20 Nov 2006, The Washington Post.

38 VSMPO 홈페이지.

39 https://www.forumdaily.com/en/umer-odin-iz-rossijskix-milliarderov/

40 "Aerospace Boom Creates Bright Future for VSMPO-Avisma", DEC 3, 2013, The Moscow Times.

41 "The quest for stronger, cheaper titanium alloys", Innovation Quarterly, Feb 2018, Boeing.

42 "Boeing, United Technologies Stockpile Titanium Parts," WSJ, Aug 7, 2014.

43 "VSMPO-Avisma and Boeing launch new titanium joint venture in Russia", Sep 20, 2018, Reuters.

44 "Boeing's Big Bet on Russian Titanium Includes Ties to Sanctioned Oligarch", March 7, 2022, Wall Street Journal

45 Op. Cit., Stainless Steel World.

46 Op. cit, Simcoe.

47 "Forty-One Years with Zirconium", Yoshitsugu Mishima, Journal of Nuclear Science and Technology, 27:3, 285-294.

48 Op. cit, Simcoe.

49 https://www.linkedin.com/pulse/titanium-construction-velika-hou/

50 "Present Status and Future Trends of Research Activities on Titanium Materials in Japan", Nippon Steel Technical Report No. 85, 2002.

51 Japan Titanium Society 웹사이트.

52 https://en.wikipedia.org/wiki/Yone_Suzuki

53 https://www.kobelco.co.jp/english/about_kobelco/outline/history/

54 "New Titanium Alloy", New York Times, July 16, 1968.

55 https://www.kobelco.co.jp/english/titan/history/

56 USGS Minerals Yearbook Titanium, 2008.

57 USGS Minerals Yearbook Titanium, 2008.

58 Titanium Business | Our Business | TOHO TITANIUM (toho-titanium.co.jp).

59 https://www.chiyodacorp.com/en/projects/titanium-sponge-plant.html

60 USGS Minerals Yearbook Titanium, 2008.

61 Annual Report (2015), Osaka Titanium Technologies Co., Ltd.

62 "Titanium Sponge Production in China", Benson Quan, Titanium Conference 2014.

63 "The Effect of Imports of Titanium Sponge on the National Security", US Department of Commerce, Nov 29, 2019.

64 "중국 타이타늄 금속재료 시장 동향" 김상훈, 산업연구원 산업분석, 2015년 12월호.

65 https://www.argusmedia.com/en/news/1891732-chinas-titanium-production-rises-in-2018

66 https://www.argusmedia.com/en/news/2240077-chinas-januaryjuly-titanium-sponge-output-up-on-year

67 Roskill Information Service.

68 Argusmedia 2018, op. cit.

69 "The Aviation Industry Corporation of China (AVIC) and the Research and Development Programme of the J-20", Alexandre Carrico, Janus.net, 2011.

70 위키피디아, Shenyang J-11.

71 "Su-27 Flanker", globalsecurity.org.

72 Op. cit., Carrico.

73 Planning for Innovation-Understanding China's Plans for Tech Energy Industrial and Defense Development072816.pdf (uscc.gov)

74 "China's titanium production rises in 2018," April 26, 2019, Argus.

75 Sim, Kyong-Ho, "Status of Titanium Alloy Industry for Aviation in the World and Development

Strategy of Chinese Enterprises", 2018.

76 "US and Chinese Defendants Charged with Economic Espionage and Theft of Trade Secrets in Connection with Conspiracy to Sell Trade Secrets to Chinese Companies", US Department of Justice, Feb 8, 2012.

77 "Man charged with trying to take U.S. military documents to China", Dec 10, 2014, Reuters.

78 https://cdn.ymaws.com/titanium.org/resource/resmgr/ZZ-WCTP2007-VOL2/2007_Vol_2_Pres_43.pdf

79 http://www.baotigroup.com/en/about.php?cat_id=1952

80 China Titanium Valley, International Titanium Association.

81 https://cdn.ymaws.com/titanium.org/resource/resmgr/TiUSA2104Papers/JieZhangTiUSA2014WorldDemand.pdf

82 https://www.yunchtitanium.com/news/chinese-titanium-valley-14466826.html

83 "Titanium: Past, Present, and Future", National Materials Advisory Board, 1983.

84 "Titanium Industry in F.R. Germany", Willy Knorr, 1980.

85 "Titanium: Past, Present, and Future", National Materials Advisory Board, 1983.

86 https://www.bbc.com/news/uk-wales-52725275

87 "Titanium Industy in France", Prof. P. Lacombe, 1980.

88 https://link.springer.com/article/10.1007/s11837-016-2045-4

89 "Alcoa, VSMPO Start Aerospace Forging Venture," Robert Brooks, Oct 11, 2016, Forgingmagazine.com.

90 "Titanium Today", Issue 9, No. 2, 2015.

91 "After 125 years, Alcoa looks beyond aluminum", Jun 27, 2014, Reuters.

92 "$1.1 billion Titanium Supply Deal for Alcoa, Lockheed", Oct 13, 2015, Forgingmagazine.

93 https://www.forgingmagazine.com/purchasing-and-mro/article/21922814/update-pcc-consolidates-timet-purchase

94 https://www.aerospacemanufacturinganddesign.com/article/precision-castparts-acquires-noranco-072815/

타이타늄과 단조 그리고 초대형 프레스들

: 항공 산업의 숨은 주역

타이타늄과 단조 그리고 초대형 프레스들
: 항공 산업의 숨은 주역

Forgings, while hidden from the public view,
make a modern aircraft possible.

단조는, 비록 세상의 눈에 띄진 않더라도
현대 항공기를 가능하게 한다.[1]

단조 공정을 사용하는 이유

타이타늄이 방위 산업과 우주항공 산업에서 필수 소재임은 앞에서 상세히 다루었다. 타이타늄이라는 소재 자체를 생산하기 위한 것이 용해 산업의 영역이라면 이렇게 생산된 잉고트를 실제 제품으로 만들기 위해 '성형fabrication'의 공정을 거쳐야 한다. 일반적으로 금속을 성형하는 방식은 아주 크게 단조forging와 주조casting로 구분된다. 단조와 주조 모두 인류가 금속을 성형하기 시작하면서 수천 년 동안 사용된 방법이다. 주조는 쉽게 말해 제품의 형상을 본 딴 형틀에 용융된 금속을 주입하여 응고·냉각 후 고체 형태의 제품을 얻는 것이다. 형틀만 여러 개가 있다면 동일 형태의 제품을 한꺼번에 대량생산할 수 있기 때문에 생산 비용을 줄일 수 있는 방법이다. 또한 아주 복잡한 형상의 제품을 생산하기에도 유리하다. 하지만 주조의 단점은 금속이 냉각하면서 수축됨에 따라 부위에 따라 다른 수축량이 발생하며, 액체 상태의 금속에 기포 상태의 가스가 존재할 경우 제품에 그대로 포함되어 이후 제품 자체의 결함으로 이어질 가능성이 존재한다는 것이다.

단조는 가열된 금속에 기계적 힘을 가하여 형태를 변화시키는 방법이다. 계속적인 물리적 충격을 통해 금속 조직의 균일성과 강도를 향상시키기 때문에 충격이나 전단 강도 측면에서 우수한 결과를 보여주고, 그 특성상 주조에서 나타나는 기공성과 수축의 문제가 발생하지 않는다. 하지만 단조를 위한 금형을 제작하는 데 많은 비용이 발생하며 단조를 위해 금속을 가열하는 시간과 비용이 발생한다.

주조와 단조의 전통적인 금속 성형 방식 이외에 금속 분말을 이용한 3D 프린팅 제조 방식이 등장하여 주목을 받고 있다. 하지만 분말을 쌓아 올리고 물리적인 충격 없이 레이저나 플라즈마 등의 열원을 이용해 이를 용해하여 만든다는 점에서 본다면 3D 프린팅도 성형틀만 없을 뿐, 주조의 영역에 포함될 수 있을 것이다.

앞에서 살펴본 것처럼 단조와 주조는 각각의 장단점으로 인해 선호되고 있는 산업군이 다르다. 저가의 대량생산이 필요한 자동차 산업의 경우에는 주조품이 자동차 부품의 절대 다수를 차지한다. 반면 급격한 온도 변화, 고열, 공기 저항, 충격, 중량 등을 버텨야 하는 우주항공과 방위 산업에서는 주요 구조물의 경우 거의 대부분 단조재를 선택한다. 이러한 구조물이 거의 타이타늄으로 제작되는 것을 감안하면 단조는 타이타늄이라

---

*   항공기와 엔진에도 초내열합금과 타이타늄 일부 부품의 경우 정밀 주조도 사용되고 있다.

고 하는 소재가 실제 제품으로 탄생하기까지 반드시 거쳐야 할 생산 공정인 것이다.*

한국에서의 일반적인 인식은 단조 산업이란 한국의 산업 구조가 고도화되면서 사라질 사양 업종이라는 것이다. 또한 타이타늄이라는 소재 산업을 육성하기 위해서는 그 이후 실제 제품화를 위한 생산 공정이 유기적으로 연결되어 있어야 한다는 점이 간과되고는 한다. 생산 공정에 대한 이해 없이 '소재'의 생산에만 주목하다 보면 결국 시장의 수요자가 원하는 '제품'을 공급할 수 없게 되는 상황에 처할 수도 있다. 타이타늄이 대표적인 항공 소재aerospace material가 되기까지 단조 공정의 중요성을 빼놓을 수 없다. 다음 내용을 읽기 전 한국의 최대 단조 프레스는 두산중공업이 2017년 설치한 1만 7,000톤 프레스임을 참고하기를 바란다.

최종형상근접을 위한 노력

항공 산업에서 단조 설비의 중요성을 이해하기 위해서는 최종형상근접Near Net Shape이라는 개념을 먼저 이해할 필요가 있다. Near Net Shape NNS을 가장 잘 번역한 말은 '최종형상근접' 정도일 것이다. 부품의 최종 형상net shape에 가장 근접한 상태를 뜻하는 이 용어는, 항공 관련 소재 산업에서는 수십 년간 공급 프로세스의 효율성의 척도이자 수많은 엔지니어와 소재 업체에는 하나의 강박처럼 쓰였다.

타이타늄이든 알루미늄이든 원소재(잉고트 혹은 빌렛)가 생산되어 단조와 열처리 등의 공정을 거치면서 사용할 수 없게 된 부분을 깎아내고 스크랩 처리하게 된다. 특히 단조 후 최종 제품의 형상대로 제조하기 위해서는 가공을 통해 소재를 깎아내는데, 이를 위해 단조 당시 가공을 위한 공차tolerance를 남겨두게 된다. 이 공차의 정도가 작을수록 최종 형상에 근접한 상태가 되는 것이다. 항공 분야에서 최초 구매 단계에서 최종 제품까지의 중량 비율을 'Buy To FlyBTF'로 표현하는데, 일반적으로 10 : 1 정도로 여겨지고 있다. 즉, 1kg의 항공기 부품을 생산하기 위해 10kg의 원소재를 구매해야 하는데, 타이타늄처럼 고가 소재, 특히 항공 기준에 맞추기 위해 엄격한 기준과 높은 순도에 맞춰 생산된 소재의 90%가 스크랩으로 처리되어야 한다는 것은 엄청난 손실과 비효율성으로 여겨졌다. 또한 절삭성이 나쁜 타이타늄의 특성으로 인해 가공 자체가 어렵고 시간과 비용이 많이 소모된다는 난점이 존재했다.

미 정부의 입장에서는 이 NNS 구현을 통해 BTF를 개선하면 타이타늄의 생산 캐파를 확대하지 않고서도 타이타늄의 가용 물량이 늘어나는 효과가 있다. 다시 말하면 공급이 제한되어 있는 상황에서 BTF가 10 : 1인 경우 타이타늄 완제품의 중량이 10톤이라면 총 필요량이 100톤이겠지만 BTF가 5 : 1로 향상되면 50톤만 필요하므로 나머지 50톤의 생산을 확대하는 것과 같은 결과를 가져오는 것이다. 이러한 측면에 먼저 주목하여 1972년부터 공군소재연구소Air Force Materials Laboratory 소속의 제조기술부 Manufacturing Technology Division가 엔진과 항공 프레임의 최종 형상에 가까운 성형 기술을 개발하기 위한 연구를 시작하였고 이후 해군Naval Air Systems Command도 연구에 참여하였다.[2] 이 연구들에 의해 단조 치구들과 설비, 예비 성형preform 등이 개발되었으며, 컴퓨터 시뮬레이션을 통해 공정을 검증하며 수정하게 하여 비용 감소를 유도하였다.[3]

1980년대가 되면 Boeing보잉과 Airbus에어버스 같은 대형 항공기 제조사들도 BTF 비율을 낮추기 위해 많은 노력을 기울였다. 이들이 NNS에 주목하는 가장 큰 이유는 최종 공정 단계 직전 NNS를 구현하여 가공 필요성을 최소화시키고 소재의 손실을 줄임으로써 공정의 효율화와 원가 절감에 있다.

바로 NNS를 구현하기 위한 정밀 형상 단조 분야에서 미국은 오랜 기간 동안 기술적 우위를 누려왔다.

> 정밀 혹은 최종형상근접 단조와 같은 항공 분야에서의 현재의 기술 발전은 단조 산업 전체의 기술적 우위를 상징한다.
> [C]urrent technological development in the aerospace sector, such as precision or near-net shape forging, could represent the leading technological edge for the forging industry as a whole.[4]

Alcoa의 5만 톤 프레스로 단조한 F-15의 타이타늄 벌크헤드
(출처: Historical American Engineering Record)

NNS을 구현하고 단조를 통한 소재의 기계적 성질과 조직 균일성을 향상시키는 데 가장 핵심이 대형 단조 프레스이다. 금속 소재를 금형에 넣어 막대한 힘으로 눌러 형상을 구현하는 것이다. 이러한 대형 단조 프레스의 시작은 타이타늄이 생산되기 훨씬 이전으로 거슬러 올라간다.

대형 단조를 의미하는 'Heavy Press'의 시작은 1930년대 독일에서 비롯된 것으로 알려져 있다. 1938년 이전까지 독일에 7,000톤 단조 프레스가 존재했던 것으로 알려졌으며, 1938년경에 1만 5,000톤 규모의 단조 프레스가 등장하였다. 1939년 제2차 세계대전이 발발한 후 1940년대에 들어 전투기 부품 생산을 위한 1만 5,000톤과 3만 톤 규모의 대형 단조 프레스들이 독일 동부에 위치한 Bitterfeld비터펠드에 설치되었고 가장 비중이 낮은 마그네슘 합금을 사용한 항공 엔진 부품을 생산하는 데 사용되었다. 이 단조 프레스는 독일의 Schloemann슐뢰만사에서 제작했는데, Schloemann은 현재 독일 SMS Group의 일부로 금속 성형에 필요한 각종 설비를 제작하고 있다(2019년 매출 약 27억 유로). 독일의 Bitterfeld 역시 오늘날까지도 독일의 주요 중공업 지역으로 남아 있다.[5]

제2차 세계대전 당시 미국과 소련은 나치 독일이 가진 대규모 단조 설비와 그러한 단조 능력으로 생산된 전투기의 성능을 목도하게 되면서 단조 능력의 중요성에 대해 인식하게 된다. 독일의 패망 후 전쟁배상금의 일부로 독일이 보유했던 비터펠드의 3만 톤 최대 단조 프레스는 소련이, 그리고 1만 6,500톤 규모의 단조 설비 2대는 미국이 각각 자국으로 이송하게 되었다. 또한 당시 독일이 보유하고 있던 5만 5,000톤 프레스의 설계도면 역시 소련이 가져간 것으로 알려져 있다. 이후 냉전하에서 소련과의 단조 설비 격차와 그로 인한 우주항공, 군사 경쟁에서 뒤쳐질 것을 우려한 미국 과학자들의 주도하에서 미국의 Heavy Press Program이 탄생하고 미국과 소련 간의 대규모 단조 설비 건설 경쟁도 본격화되었다.

미국: 정부의, 정부를 위한, 정부에 의한

미국의 Heavy Press Program은 미 공군의 주도하에 1950년에 시작하여 1957년 종료되었고 총 2억 7,900만 달러를 투자하여 4대의 단조 프레스와 6대의 사출 프레스extruder를 건설하였는데, 이 모든 비용은 미 국방부의 예산으로 집행되었다.[6] 참고로 1950년대 이 금액을 현재 가치로 환산하면 약 30억 달러에 달한다(US Inflation Calculator). 미국의 1950년 GDP가 3,000억 달러였던 것을 감안하면 당시 국내총생산의 약 0.1%에 달하는 거액이다.

당시 이 프로그램을 주도한 인물들 중 공군 중장이었던 K. B. 울프K. B. Wolfe와 러시아 출신의 알렉산더 자일린Alexander Zeitlin이 대표적이다. 자일린은 단조 프레스의 설계와 설치에 관여하였으며, 이후 Press Technology CorporationPTC을 설립하고 1980~1990년대 미국에 10만 톤과 20만 톤 규모의 '슈퍼 프레스'를 설치하기 위한 활동을 계속하였다.[7] 이렇게 설치된 단조 프레스들은 단지 산업적인 투자가 아닌 냉전 시대 미국의 우위를 확고히 하기 위한 필수적인 존재로 여겨졌다. 오하이오 클리브랜드시에 첫 프레스가 설치된 1955년 5월 뉴욕타임스는 다음과 같은 기사를 실었다.

이 설비는 세계 평화를 위한 거대한 힘이다. 또한 국가 항공 산업의 생산 능력에 필수적으로 추가된 것이다. 군과 산업계의 협력을 통해, 우리는 적이 우리를 공격하는 것을 헛되게 만들 수 있는 무기 체계를 개발할 수 있다.

This plant is a great force for peace in the world. It is a vital addition to the production capacity of the nation's aircraft industry. Through the cooperation of industry and military authorities, we can develop a weapons system which would make it foolish for an enemy to attach us.[8]

Aluminum Company of America

GIANTS OF INDUSTRY: The U. S. Air Force heavy press plant at the Cleveland works of the Aluminum Company of America has increased production facilities with these two presses. They will forge structural components of aircraft.

BIG FORGING PLANT 'FORCE FOR PEACE'

Talbott, Dedicating Huge Presses for Plane Spars, Sees New War Deterrent

평화를 위한 힘

(출처: 뉴욕타임스)

Heavy Press Program에 의해 설치된 4대의 단조 프레스는 5만 톤 2대, 3만 5,000톤 2대였는데, 전시 상황에 대비하여 메인 프레스 5만 톤 1대와 보조 프레스 3만 5,000톤 1대씩 각각 오하이오와 메사추세츠에 위치한 공군 기지에 분산되어 설치되었다. 오하이오에 설치된 2대의 프레스는 Alcoa

가, 메사추세츠Massachusetts에 설치된 2대는 Wyman-Gordon사가 각각 리스하여 운영하다가 이후 레이건 행정부 때 공기업과 정부 소유 설비의 민영화 정책에 맞물려 1982년에 매각되었다. 메사추세츠 단조설비는 Wyman-Gordon에 3,400만 달러, 오하이오의 단조설비는 Alcoa에 1,500만 달러에 매각되었고 이 설비들은 현재까지도 운영되고 있다. Alcoa는 이 프레스를 이용하여 1966년부터 타이타늄 단조품을 생산하기 시작하였다.[9] 2005년에는 F-35의 타이타늄 벌크헤드를 단일 부품one piece로 생산해냈다. 높이는 2m, 길이는 약 5.2m로 무게는 3.5톤인[10] 이 제품은 타이타늄 단일 단조품으로서는 최대 크기를 기록하였다.

F-35 타이타늄 벌크헤드

(출처: Defensenews)

1960년대 후반 초음속 여객기 프로그램이 추진되면서 미국 소재 산업에서는 초대형 단조 프레스의 설치에 대한 논의가 다시 등장하였다. 1967

년 뉴욕타임즈의 기사에서는 소련의 7만 5,000톤 프레스를 능가하는 초대형 프레스의 필요성을 다루고 있다.

이 나라가 필요로 하는 것은 양질의 20만 톤 프레스라고 단조와 항공 업계 몇몇 사람들은 믿고 있다. 그러한 설비는 현재 국내의 최대 프레스 대비 300%의 캐파 증가를 의미한다. 하지만 20만 톤 프레스는 이 나라가 생산하고 있고 생산하려고 하는 대형 항공기에 필요한, 점차 대형화되어가는 부품들을 만드는 데 소요되는 가공 공정을 줄여 상당한 절감 효과가 있을 것이다.

What this country needs is a good 200,000 ton forging press, some people in the forging and aerospace industries belive. Such a machine would represent a 300 per cent capacity increase over the biggest presses in the country today. But it would provide great savings by reducing machining steps in making the increasingly larger metal composnents demanded by the hugh airplanes this nation is building and contemplating.[11]

Alcoa와 함께 미 공군이 건설한 5만 톤의 프레스를 임대하고 있었던 Wyman Gordon의 사장인 조셉 카터Joseph Carter가 20만 톤 프레스 설치에 대한 지지자 중 한 명이었으며, 이미 당시에 Wyman Gordon에서는 20만 톤 프레스의 설계를 끝낸 상태였다는 이야기도 있었다. 하지만 총 1억 달러의 설치 비용이 예상되는 이 프로젝트에 대해 미 공군에서는 확고한 입장이었다. 1950년대 5만 톤 프레스를 국방 예산으로 설치한 것은 그야말로 전시 상황이었기 때문이었던 반면, 현재 민간 항공 산업이 성장하고 있는 점을 고려할 때 이러한 투자는 기업에서 충분히 할 수 있다는 것이었다. 초대형 프레스에 대한 논의는 계속되었으나 SST 프로그램의 취소 등 1970년대 불황과 맞물려 결국 현실화되지 못했다.

Alcoa의 5만 톤 프레스

(출처: Reddit)

미국은 자국의 단조 산업의 경쟁력을 분석한 정부 보고서를 정기적으로 발행하는 등 단조 산업의 중요성을 끊임없이 인식해왔다. 특히 단조 산업을 국방력의 필수적인 부분으로 인식하고 있다고 봐야 할 것이다.

단조품들은 미국 국방부에 있어서 매우 중요하다. 무기 체계가 고강도(strength), 고인성(toughness)나 내피로성(fatigue resistance)을 요구하면 국가에 봉사하고 우리의 군을 지원하기 위해 단조품이 사용된다.

Forgings are critical to the United States Department of Defense. When a weapon-system design requires high strength, high toughness or fatigue resistance, forgings are called in to serve the nation and support our troops.[12]

하지만 1980년대 이르러 미국은 국내 단조 산업의 급격한 쇠퇴와 국내 임금 상승 등의 이유로 저렴한 수입 단조품이 증가하면서 이에 대한 대응책으로 1984년 미국 국방부는 방위 산업에서 미국산과 캐나다산 단조품만의 사용을 의무화시켰다. 다만 다음과 같은 수입 규제는 미 육군과 해군만 참여하였으며 이들이 주로 사용하는 철강 단조품이 적용을 받았다. 타이타늄과 알루미늄과 같은 경량 비철 금속 단조품을 주로 사용하는 미 공군의 경우 자국 단조 제품의 우월성을 근거로 수입 규제에서 제외되었다.

1986년 미국국제무역협의회International Trade Commission가 펴낸 '미국 단조 산업 경쟁력에 대한 보고서Competitive Assessment of the US Forging Industry'는 1980년대 해외에서의 단조 제품 수입으로 인한 미국 내 단조 산업의 경쟁력 약화에 대한 정치적·전략적 우려가 지속적으로 반영된 것이다. 원소재 가격, 저임금에 힘입은 타국의, 특히 정부의 지원에 힘입은 일본 단조 산업의 성장을 경계하고 있으나 이것은 기계류, 철도 부문과 같은 철강재를 이용한 저가 단조 시장에 대한 부분이었다. 타이타늄과 같은 비철 합금의 단조 제품, 특히 항공 부문에서 미국 단조 기술의 우위에 대해서는 확신을 보이고 있다.

즉, 항공 산업은 미국의 단조 산업과 기술의 발전을 견인하는 역할을 하고 있으며, 단조재를 사용하고 생산하는 다른 업종(자동차와 기계 장치)과는 확실히 구분되는 영역이라는 점이다. 항공기 부품을 생산하기 위해서 소위 '항공 품질aircraft quality'로 인증된 소재를 사용하는 물론 항공 산업의 엄격한 기준에 따라야 하기 때문이다. 1986년 보고서에서는 이러한 항공 산업의 경쟁력이 30년 전에 설치한 대형 단조 설비에서 비롯된 것임을 언급함과 동시에 이 설비들의 노후화를 지적하고 있다.

1992년에 발간된 보고서인 '미국 단조 산업에 대한 국가안보 평가 보고서National Security Assessment of the US Forging Industry'에는 1986년 보고서 이후에 변화된 미국 단조 산업의 구조적 변화에 대해 다루고 있다. 1970년 대 미국 단조 시장의 37%를 차지했던 항공과 자동차 산업은 1990년대 초반 시장 점유율이 65.2%에 달하였는데, 이 중 항공 부문이 37%였다. 이러한 성장의 배경에는 1980년대 냉전 시대에 급격히 증가한 국방비와 항공 산업의 규제 철폐로 인한 여행 수요의 증대로 인한 항공기 산업의 성장이 있었다. 하지만 1989년 소련의 붕괴로 인한 국방비의 감소와 유럽에서의 성장으로 인한 민항기 시장에서의 경쟁으로 인해 1990년대 미국의 단조 산업의 위축 가능성에 대해 다루고 있다.

미국 단조 산업 경쟁력에 대한 보고서

미국 단조 산업에 대한 국가안보 평가 보고서

이와 동시에 프랑스 Interforge인터포지의 탄생 이후 유럽 단조 산업의 뚜렷한 성장세에 대해 주목하고 있다. 이는 유럽에 위치한 Rolls Royce롤스로이스와 SNECMA(프랑스 Safran의 엔진 제조 자회사)와 같은 항공 엔진 제조사들이 지역 내 단조 제품들을 사용함으로써 미국 단조 제품의 수출 하락을 초래할 뿐만 아니라, Airbus와 유럽 항공 산업의 경쟁력을 강화시키는 것으로 귀결되어 궁극적으로 미국 항공기 업체들에게 가져올 위협에 대해 우려를 표하고 있다.

미국의 국방군수국Defense Logistics Agency(DLA)은 무기 체계에 필요한 단조 산업을 지원하기 위해 단조산업협회Forging Industry Association와 함께 2001년 단조국방제조 컨소시엄Forging Defense Manufacturing Consortium(FDMC)을 출범시켰다. FDMC는 정기적인 회의를 갖고 방산 프로그램에서 필요로 하는 단조품의 생산 기술 및 납기 등의 이슈에 대해 국방군수국과 미국 단조 업계가 함께 논의하는 자리이자 궁극적으로 미국의 국방력에 필요한 단조품의 생산을 확보하기 위한 목적을 갖고 있었다.

미국 Heavy Press 프로그램이 시작된 지 60년이 지나 드디어 미국에 새로운 대형 단조 설비가 설치되었다. 캘리포니아에 위치한 Weber Metal 웨버메탈이 보유한 6만 톤짜리 프레스로 2018년 운영을 시작하였다.

Weber Metal은 1940년대 에드먼드 L. 베버Edmund L. Weber에 의해 설립되었다. 고철 비즈니스를 주업으로 하던 베버는 자신이 가진 프레스 설비를 이용하여 미국 서부에 소재하고 있는 항공 산업에 진출하기로 결심하였다. Douglas Aircraft와 Boeing이 그의 주요 고객이 되었다. 1974년 베버가 사망하자 그의 가족은 회사를 매각하기로 결정하고 1979년 독일의 Otto Fuchs Metallwerke오토 후크스 메탈베르케가 Weber Metal을 인수하였다.

Weber Metal 6만 톤 단조

(출처: Weber Metal)

Otto Fuchs는 1980년에서 1990년 사이 Weber Metal의 단조 능력을 확대시키기로 결정하고 항공 산업용 타이타늄과 알루미늄 단조품을 생산하기 위한 3만 3,000톤 규모의 신규 단조 프레스를 설치하였다. 이 단조 프레스의 설치 덕분에 Weber Metal은 타이타늄 생산으로 진입할 수 있는 계기가 되었다. 이러한 선제적인 투자 덕분에 Weber Metal은 항공 산업에서 안정적인 입지를 확보하였으며 2002년에서 2012년 사이에 매출이 3배로 증가하였다.

2014년 Weber Metal은 1억 8,000만 달러를 투자하여 6만 톤 규모의 추가 단조 프레스를 설치하기로 결정하였고, 이 프레스의 제작과 설치는 독일의 SMS Group이 맡게 되었다. SMS Group은 앞서 나온 제2차 세계대전 중 독일의 3만 톤 프레스를 제작한 Schölermann이 속해 있는 회사이다.

신규 프레스는 항공과 방산 부문에서 필요한 타이타늄과 알루미늄의 항공기 구조물, 랜딩 기어, 그 외의 초대형 단조품의 생산을 목표로 하였다. 1만 300m²에 달하는 면적에 총 9,920톤의 강철이 투입되어 제작된 이 프레스의 지지 플래턴platen만 하더라도 2,000톤의 무게에 달하였고, 지하의 기반을 건설하는 데 총 3만 4,000톤의 콘크리트가 사용되었다.[13]

2019 파리에어쇼 Otto Fuchs & Weber Metal 부스

러시아: 20세기 초대형 단조의 1인자

소련 역시 대규모 단조 설비 경쟁에 투자를 아끼지 않았다. 미국이 1950년대 Heavy Press Program을 통해 단조 설비를 건설하는 동안 소련 역시 1959년 지상 최대 규모인 7만 5,000톤 프레스 2대를 완공하고 생산을 시작하였다. 지상 35m, 지하 22m로 거의 20층 건물 높이에 맞먹는 이 프레스

는 우크라이나 중공업 기계 제조회사인 Novokramatorsky Mashinostroitelny Zavod(NKMZ)에 의해 제작되었고, 1대는 러시아 사마라(Samara)에, 다른 1대는 VSMPO가 위치한 베르흐냐야 살다(Verkhnyaya Salda)에 설치되었다. 두 대 모두 VSMPO가 운영하다 사마라에 설치된 이 프레스는 2016년에 Alcoa가 VSMPO와 합작 회사 형태를 통해 인수하여 사용하고 있다.

2012년 중국의 8만 톤 프레스가 등장할 때까지 VSMPO의 단조 프레스는 거의 반세기가 넘는 시간 동안 세계 최대 단조 프레스라는 타이틀을 갖고 있었다. TIMET을 비롯한 다른 타이타늄 회사들이 자체적인 단조 프레스를 보유하고 있지만 모두 1만 톤 이하의 자유단조 프레스들로 자체적으로 생산된 잉고트를 단조하여 빌렛의 형태로 생산하기 위해 이용하는

VSMPO의 7만 5,000톤 프레스[14]

(출처: Gasparini)

반면 이 대형 프레스는 형상 단조를 통해 NNS 형태로 실제 완제품에 가까운 단조 제품을 생산하는 데 사용된다. 유럽의 Auber & Duval의 프레스조차 생산하지 못하는 Airbus A380 항공기의 랜딩 기어들이 VSMPO에서 공급되고 있다. VSMPO는 이 프레스 이외에도 3만 톤과 2만 톤 규모의 프레스도 보유하고 있다. 이러한 막강한 단조 능력은 VSMPO가 세계 최대의 타이타늄 업체로 군림하게 하는 경쟁력의 원천이 되고 있다.

프랑스: 유럽 항공 산업의 중추

프랑스 Aubert & Duval오베르 듀발은 6만 5,000톤 규모의 세계 3위의 단조 프레스를 보유하고 있었는데, 이는 1977년에 우크라이나 NKMZ사가 건설하였다. 이 단조 프레스를 위해 Interforge라는 컨소시엄이 구성되었고 1977년 Aubert & Duval는 지분 13%를 보유하고 있었고 나머지 지분들은 프랑스 국영 회사들이 보유하고 있었던 것으로 추정된다. 당시 이 프레스의 준공식에는 당시 프랑스 대통령이었던 데스탕이 참석하였다.

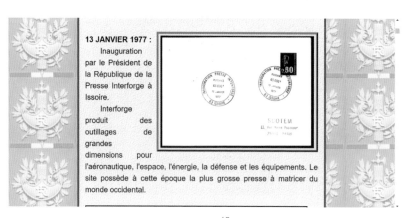

1977년 Interforge 준공식 관련 프랑스 대통령궁 문서[15]

높이만 36m에 달하는 이 대형 단조 프레스는 미국과 러시아를 제외한 제3국에서 처음으로 설치된 대형 단조 설비였으며, 1970년에 설립된 항공기를 필두로 한 유럽 완제기 산업 부흥을 위한 노력 중 핵심이라 할 수 있다.

프랑스 Interforge는 유럽의 대형 단조품 수요의 대부분을 공급하고 있다. Interforge가 보유한 6만 7,000톤의 유압 프레스는 소비에트 연방 외부에서 가장 큰 프레스이다.

One organization, Interforge of France, supplies most of the European demand for large forgings. With a 67,000 tonne hydraulic press, Interforge possesses the largest press outside of the USSR.[16]

프랑스 6만 5,000톤 단조 프레스

(출처: Gasparini)

프랑스 Aubert & Duval은 Interforge를 통해 단조 산업에 진출하였고 이후 정부 지분을 인수하면서 유럽 제1의 단조 회사로 성장하였다. 1999년 Eramet에라멧에 매각된 이후로 타이타늄의 미드스트림 부분으로의 확장을 추진하고 있다. Eramet은 로스차일드Rothschild 가문에 의해 1880년 설립되어 광산 채굴과 금속 정련 사업을 영위해왔다. Eramet에 인수된 이후 Aubert & Duval은 2007년 4만 톤 규모의 추가 단조 설비를 설치하고 2009년 카자흐스탄의 타이타늄 제강 업체인 UKTMP와 UKAD라는 합작 회사를 설립하여 타이타늄 단조 사업에 본격적으로 진출하였다. 2017년에는 UKAD와 프랑스 환경청과의 합작 회사인 EcoTitanium을 설립하여 항공 산업에서 부산물로 나오는 타이타늄 스크랩을 재활용한 항공용 타이타늄 잉고트를 생산하고 있다.

2019 파리에어쇼 Aubert & Duval의 부스

중국: 지상 최대 프레스와 항공 강국의 꿈

중국은 제2차 세계대전 종전 후 중국 동북부 지역에서 일본이 보유하고 있던 수천 톤 규모의 단조 설비를 확보하게 되었고 이후 전쟁배상금의 일환으로 일본은 중국에 2만 톤 규모의 단조 설비를 제공해주었다. 이 단조 설비는 선양중공업 공장에 설치되어 중국 단조 산업의 시초가 되었다. 중국 내 방산 산업을 발전시키기 위해 1959년에는 소련과 함께 연간 10만 톤의 단조품을 생산할 수 있는 공장 설립을 위한 협약을 맺는다. 하지만 곧이어 중국과 소련은 이념적·정치적 이해 관계의 충돌로 인해 적대적 관계로 돌아서게 되면서 이러한 산업·과학 분야에서의 협력 역시 완전히 중단되게 된다.[17]

소련에서 제공될 예정이었던 설계 등이 없이 완전히 자력으로 설치해야 했던 만큼 1960년대에 설계가 시작되었으나 1967년에서야 설비가 완성되게 되었으며, 1973년에 이르러서야 중국은 3만 톤 단조 프레스를 운용할 수 있게 되었다. 이 단조 설비는 장서성에 위치한 Southwest Aluminium이 운용하게 되었다.

자국 내 항공 산업을 육성하고 민항기를 생산하며 궁극적으로 우주항공과 방위 산업에서의 자력 생산을 성취하기 위한 중국의 노력은 사천성에 세계 최대 8만 톤 단조 프레스를 설치하는 것으로 귀결된다. 중국 국가발전개혁위원회의 승인을 받아 2007년부터 제작을 시작하였으며, 약 2억 달러의 자금이 투입된 것으로 알려져 있다.[18] 당시 신화일보의 보도를 보면 이 단조 프레스 설치에 대한 중국의 기대와 자부심을 엿볼 수 있다.

중국은 사천성 남서부 덕양에 8만 톤 프레스의 건설을 시작하였으며, 이는 국가의 오랜 숙원이었던 대형 항공기 생산을 위한 길을 놓는 것이다. … 대형 형상단조 프레스는 점보 항공기의 생산에 있어 필수 설비 중 하나이다. 미국, 러시아, 프랑스 같은 소수의 국가들만이 그러한 설비를 보유하고 있다.

China has started the building of an 80,000 ton press forge in Deyang, the southwestern Sichuan Province, paving the way for making large planes, a longtime dream of the nation. … A large die-hydraulic press forge is one of the key instruments in making jumbo planes. Only a few countries, including the United States, Russia and France, have such facilities.

중국의 8만 톤 프레스

(출처: Gasprini)

2012년 완공된 이 단조 프레스는 지상 27m, 지하 15m 크기로 중국의 국영중공업 업체인 중국 제2 중형기계그룹China National Erzhong Group이 설치하고 보유하고 있다. 중국의 첫 완제기인 C919에 들어가는 130개의 단조품이 이 회사에서 생산되고 있다.[19] 하지만 이 프레스가 얼마만큼 가동되고 있는지에 대해서는 아직 확실하지 않다.[20]

일본: 항공 산업의 재기를 위한 발판

일본 항공 산업의 발전은 제2차 세계대전 당시 이미 전투기를 생산해 낸 산업적 토양을 발판으로 이루어졌다. 1950년대 초반부터 일본 정부는 자국의 항공 산업의 발전을 위해 전폭적인 지원을 하였으며 특히 미국의 항공 산업 노하우를 습득하는 데 주력하였다. 일본의 Fuji사와 Kawasaki 중공업은 각각 Beech사의 T-34 훈련기와 Bell사의 헬리콥터에 대한 라이센스 생산을 시작하였고 이를 토대로 1956년부터 Mitsubishi 중공업과 Kawasaki 중공업은 Lockheed록히드의 T-33 훈련기, F-86 전투기 등을 라이센스 생산하기 시작했다. IHI사는 항공 엔진의 생산에 좀 더 주력하였다. 1960년대가 되면서 일본의 항공 제조사, 특히 Mitsubishi 중공업은 자력으로 항공기를 생산할 수 있는 기술적 노하우를 축적하기 시작하였고 1970년대가 되면서 더 이상 라이선스 생산이 아닌 공동 생산co-production을 추구하기 시작했다. 이에 대한 미국 항공 업체들의 대응 전략은 소수의 업체에게 집중적으로 생산을 맡기기보다 다수의 업체에게 계약을 분산시킴으로써 특정 업체에게 기술적 노하우가 집중적으로 전해지는 것을 방지하는 것이었다.[21]

1975년 일본 국방성은 미국 McDonnell Douglas맥도넬 더글러스에서 생산하는 F-15 Eagles의 구매 계약을 발표하였다. 원래는 미국에서 생산되어 일본에 수출될 예정이었던 이 전투기는 일본 정부와의 협상을 통해 1978

년 Mitsubishi미츠비시 중공업에서 라이센스 생산하는 것으로 결정되었다. 자국에서 생산된 전투기를 구매하기 위해 일본 정부가 추가로 18억 달러를 지불하는 것에 대해 미국의 항공·방산 업계에서는 잠재적 경쟁자로 부상할 일본의 존재에 대한 우려와 불편함을 자아냈다.[22] 이미 일본 항공 산업은 수십 년간 지속되어온 Boeing과의 협력 관계를 통해 상당한 기반을 갖추고 있었다. Mitsubishi 중공업(NHI), Kawasaki 중공업(KHI), Subaru 스바루(煎 후지중공업) 3개 사는 Boeing 787기와 777 기종의 약 35%와 21%의 부품을 공급하는 것으로 알려져 있다.

2000년대 후반이 되면서 일본 항공 업계에서는 이미 항공 산업이 발달한 서방국과 항공 산업에서 새롭게 등장한 신흥국들 사이에서 일본 항공 산업의 현저한 경쟁력 강화의 필요성을 느끼게 된다. 2003년 일본 정부는 30~90인 승용 자국산 소형 항공기 생산을 위한 5개년 계획을 발표하였으며, 이는 총 4억 2,000만 달러의 예산을 투입하는 프로젝트였다. 이어 2007년 Mitsubishi 중공업은 일본의 첫 제트 항공여객기인 Mitsubishi Regional JetMRJ 프로젝트의 콘셉트를 발표하였고 2015년 MRJ90이 첫 시험 비행에 성공하였다.[23]

이러한 추세 속에서 2011년 일본의 중공업 회사들과 소재 관련 회사들이 스터디 그룹을 조성하여 기술적 역량과 가격 경쟁력을 강화하기 위한 방안을 모색하였고, 결론적으로 기존에는 제조가 불가능했던 대형 단조품을 생산하기 위한 설비를 갖추는 것에 합의하였다. 대형 단조 프레스의 설치는 향후 수요가 증가할 것으로 예상되는 타이타늄을 비롯하여 다른 고강도 합금의 대형 단조품의 생산을 가능하게 하고 동시에 단조 공정에서 발생하는 스크랩을 국내 제강에 재활용함으로써 소재 비용을 감소시켜 일본 업체의 원가 경쟁력 개선에 도움을 줄 것으로 예상되었다.[24]

이에 따라 2011년 일본 Kobe Steel과 Hitachi히타치 중공업은 타이타늄과 니켈 합금 단조재의 국내 생산을 위한 컨소시엄을 구성하고 대형 단조회사인 Japan Aeroforge의 설립을 발표한다. 일명 J-Forge라고도 불리는 이 회사는 5만 톤 규모의 단조 프레스를 일본 오카야마Okayama현에 위치한 쿠라시키Kurashiki시에 설치하는 것을 목적으로 한다. 총 200억 엔, 달러로는 2억 4,000만 달러에 해당하는 투자로 한화로는 약 2,700억 원이 넘는 규모이다. 본 컨소시엄에는 Hitachi Metal히타치 메탈(40.53%), Kobe Steel(40.53%), IHI(5.41%), KHI(5.41%), Marubeni-Itochu(5.41%), Sojitz Aerospace (2.7%)의 일본 항공 업계를 대표하는 6개 회사가 참여하였다.* 2014년 J-Forge와 프랑스 Safran사는 Airbus A350 XWB 기종의 랜딩 기어 공급에 대한 계약을 발표하였다.

하지만 이러한 일본의 야심찬 계획은 현재 커다란 시련을 맞고 있다. Boeing, Airbus와의 직접 경쟁을 피하기 위해 선택한 소형 여객기 시장에서 Boeing이 브라질의 Embraer엠브라이어, Airbus가 캐나다의 Bombardier 봄바르디에를 인수함에 따라 이마저도 입지가 좁아지게 되었고 여러 차례의 설계 변경을 거치면서 MRJ 프로젝트가 차질을 빚게 되었다.[25] 2019년 Mitsubishi 중공업은 프로젝트명을 SpaceJet으로 변경하며 국면을 전환시켜 보려하지만 COVID-19로 인한 불황으로 인해 결국 2020년 사실상 사업 포기를 선언하였다. 약 10년 동안 40억 달러에 가까운 자금을 투입하고 얻은 참담한 실패였다.[26]

---

* Sojitz는 앞서 Kobe Steel 부분에서 언급된 회사이다. 쇼지츠는 Nichimen Corporation와 Nissho Iwai Corporation의 합병을 거쳐 탄생한 회사이며 수십 년 동안 Boeing과 Bombardier 의 일본 판매권을 보유하여 모든 Boeing 항공기의 판매를 담당하고 있다.

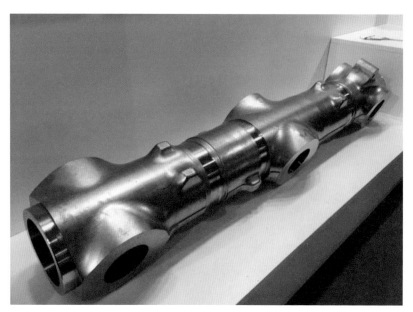

영국 판보로 에어쇼에 전시된 J-Forge의 타이타늄 단조품

(출처: Kobe Steel)

1 "National Security Assessment of the US Forging Industry: A Report for the US Department of Defense", 1992.

2 Op. cit, National Materials Advisory Board, 1983.

3 "Competitive Assessment of the US Forging Industry", U.S. International Trade Commission, 1986.

4 "Competitive Assessment of the US Forging Industry", U.S. International Trade Commission, 1986.

5 "Historic Heavy Forging Presses of the World", Jon Tirpak, Forging Industry Technical Conference.

6 위키피디아 "Heavy Press Program".

7 https://en.wikipedia.org/wiki/Alexander_Zeitlin

8 "Big Forging Plant 'Force for Peace'", New York Times, May 6, 1955.

9 "Alcoa to Beging Titanium Forging", New York Times, October 23, 1965.

10 Alcoa 홈페이지.

11 "Big Forging Press Needed by Nation", New York Times, July 2, 1967.

12 Jon D. Tirpak "Securing the Supply of Forgings for the Military", 2006.

13 https://www.forgemag.com/articles/84832-weber-metals-new-60000-ton-hydraulic-press

14 https://www.gasparini.com/en/blog/world-largest-hydraulic-presses

15 https://www.histoire-et-philatelie.fr/pages/003_politique_interieure/03_cinquieme_rep/04_septennat_giscard_d_estaing-1977-1979.html

16 "The World Aircraft Industry", Daniel Todd and Jamie Simpson, 1986.

17 China's 80 thousand ton die forging hydraulic press is the world's largest U.S. (bestchinanews.com)

18 China builds world's largest press forge, paves way for jumbo planes-People's Daily Online.

19 https://min.news/en/economy/46426961b4f789aae392b701ae6a441f.html

20 "Under Pressure: The 10-Story Machine China Hopes Will Boost Its Aviation Industry", WSJ, Dec 3, 2014.

21 The World Aircraft Industry, Daniel Todd and Jamie Simpson, 1986.

22 Ibid.

23 https://en.wikipedia.org/wiki/Mitsubishi_SpaceJet

24 https://www.kobelco.co.jp/english/releases/2011/1184050_14775.html

25 https://www.yna.co.kr/view/AKR20180105061100009?input=1195m

26 https://www.asahi.com/ajw/articles/13902683

타이타늄 시장

제5장
타이타늄 시장

The titanium metals industry is highly competitive,
and we may not be able to compete successfully.[1]

타이타늄 산업은 매우 경쟁이 치열하고,
우리는 성공적으로 경쟁할 수 없을지도 모른다.

앞서 언급된 타이타늄 기업의 성장사와 초대형 단조 프레스에 대한 투자 과정은 결국 소비자가 원하는 제품을 누가 어떻게 생산할 수 있느냐에 대한 문제로 귀결된다. 즉, 모든 제품은 소비자에게 판매될 때 결국 그 가치를 인정받게 되는 것이고, 기업 역시 시장에서의 존재 의미를 갖게 된다. 생산 설비와 기술을 보유하고 있는 것과 이를 상업화시키는 것은 다른 차원의 문제이기 때문이다. 여러 국가와 기업들이 갖고 있는 생산 설비와 기술력을 각자의 경쟁력으로 전환시키고, 이러한 경쟁력의 우위를 확인할 수 있는 곳이 바로 시장이라 할 수 있다.

이 장에서는 타이타늄 시장에 대해 다룬다. 시장 규모, 가격 변동, 수요 다변화 및 시장 구조의 변화 등이 이 장의 주요 내용들이다. 어쩔 수 없이 산업 분석 보고서와 비슷한 형식으로 구성되었으나, 타이타늄 산업에 대한 통합적인 이해를 위해서 필요하다고 여겨진다. 어떤 산업도 시장 없이 존재할 수 없기 때문이다.

타이타늄 시장 규모

타이타늄은 고가의 금속이다. 하지만 범용으로 쓰이는 다른 금속들에 비하면 그 시장 규모 자체는 작은 편이다. 타이타늄 산업을 이해하기 위해서는 이렇게 비교적 작은 타이타늄 시장의 규모에 대해 우선 이해할 필요가 있다. 2017년 기준으로 전 세계 금속 타이타늄의 시장 규모는 약 50억 달러(약 6조 원) 정도로 추정된다.[2] 반면 다른 비철금속인 알루미늄의 경우 2020년 기준으로 전 세계 시장 규모가 약 1,500억 달러였으며,[3] 가장 대표적인 금속재인 철강의 경우 전 세계 시장 규모는 약 2.5조 달러인 것으로 추정된다.[4]

개별 기업의 매출을 보자면 세계 최대 타이타늄 회사인 VSMPO의 2020년 매출이 12억 5,000만 달러로, 한화로 따지면 약 1조 5,000억 원이었다. 이는 2019년 16억 2,000만 달러에서 23% 감소한 수치이다. 미국의 경우 시장점유율 1위인 TIMET이 PCC에 매각되기 전 마지막으로 공시한 2011년 기준으로 약 10억 달러였다. ATI는 타이타늄뿐만 아니라 니켈과 같은 합금까지 포함한 매출이 2020년 29억 달러, RTI의 경우 Alcoa에 인수되기 직전해인 2014년의 매출이 7억 9,300만 달러였다. 중국의 BAOTI는 2020년 약 4억 9,500만 달러의 매출을 기록하였다. 일본의 경우 매출 규모로는 일본 최대의 특수합금 회사인 Kobe Steel의 2020년 매출이 약 9억 3,300만 달러였으나 Kobe Steel 역시 타이타늄뿐 아니라 니켈 합금 등 여러 가지 합금을 동시에 생산한다는 점을 감안하면 타이타늄만의 매출을 정확히 알 수는 없다. 타이타늄 스펀지 업체인 Toho Titanium이 최대 매출을 기록한 2019년(2020년 3월 공시)의 경우 4억 1,800만 달러(2019년 환율로 약 4,800억 원)였으나 2020년에는 3억 4,000만 달러로 감소하였고, Osaka Titanium의 경우도 2018년 3억 9,300만 달러(약 4,300억 원)가 최대 매출이었으며, 2021년 3월에 공시된 전년도 매출은 1억 6,000만 달러로 급감하였다. VSMPO나 TIMET을 제외하면 연간 매출액이 1조 원을 넘는 타이타늄 회사는 찾아보기 힘들다. 한국 포스코의 2021년 한 해 매출액이 76조 원이 넘는 것을 감안하면 전 세계 타이타늄 시장과 기업의 규모가 어느 정도인지 가늠할 수 있다.

이렇게 크지 않은 타이타늄 시장 규모는 여러 번 언급된 것과 같이 용해, 성형, 가공 등 모든 생산 공정에 있어 까다롭고 많은 비용이 발생함에 따라 그 적용 용도가 제한적일 수밖에 없었던 것에서 비롯된 것이라 할 수 있다. 이러한 시장 규모로 인해 대중이나 언론의 직접적인 관심사에서 어느 정도 벗어나 있으며 석유나 철강 산업과 같은 거대 다국적 기업이 탄생하지도 않았다.

또한 명확히 정해진 용도와 수요에 의해 생산되고 공급되는 특성으로 인해 소수의 생산자와 소수의 수요자가 있는 일종의 과점적oligopolistic-oligopsonic인 시장 구조를 갖게 되었다. 전 세계 타이타늄 시장에서 항공, 방산 산업의 비중은 약 45~50% 정도로 여겨진다. 이 중 민간 항공이 약 40%를, 군사용이 6~8%의 수요를 차지하며 나머지는 일반 산업용이다.[5] 미국 시장으로 한정시켜본다면 이 비중은 70%로 증가한다. 항공 및 방산 용도로 승인받은 스펀지 생산 업체와 잉고트 생산 업체들은 앞 장에서 소개한 소수의 업체들이 전부이며, 이들의 최종 수요자는 Boeing보잉과

Airbus에어버스를 비롯한 소수의 항공기 업체이거나 전투기, 미사일 등을 생산할 능력을 갖춘 국제 방산 업체 몇 개 정도이다. 민항기의 경우 안전을 최우선으로 하기 때문에 주요 소재인 타이타늄이나 니켈 합금 등이 비록 전체 민항기의 가격에서는 큰 비중을 차지하지 않다 하더라도 이들에 대한 검증은 매우 보수적이며 폐쇄적이다. 미국연방항공청FAA의 감항인증airworthiness을 받아야 하며, 생산 능력을 갖췄다 하더라도 신규 업체가 쉽게 진입할 수도 없다. 타이타늄 업체의 생산 계획은 대부분 정부의 중·장기 무기 도입 계획이나 항공 업체의 항공기 생산 계획에 의해 결정되며, 거의 대부분의 항공용 타이타늄 가격과 물량이 5~10년 정도의 장기 계약 형식으로 이루어진다. 이러한 시장 구조와 특성으로 인해 타이타늄의 스팟spot 시장은 매우 소규모로 이루어지며, 니켈, 알루미늄, 아연과 같은 금속들과는 달리 런던금속거래소London Metal Exchange와 같이 전 세계적인 벤치마크에 의해 가격이 형성되지도 않는다. 이로 인해 타이타늄의 수요는 경기의 변동이나 국방 정책 변화 등에 밀접한 영향을 받으면서도 장기 공급 계약에 따른 가격은 크게 영향을 받지 않는 모습을 보인다.

수요의 다변화: 생존을 위한 몸부림

현재의 타이타늄 시장 규모는 지난 70여 년 동안 타이타늄 수요를 개발하기 위해 타이타늄 업계가 들인 노력의 산물이라 할 수 있다. 세계 최대 타이타늄 시장인 미국을 예로 들어본다면, 1950년대에 방산 분야에만 사용되던 타이타늄의 용도는 1960년대 민간 항공기의 제트엔진 소재로 사용되기 시작하면서 방산 분야에 대한 의존성을 탈피하게 된다.

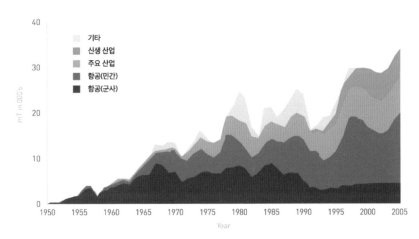

미국 타이타늄 산업의 성장(1950~2005)

(출처: D. Eylon and S. R Seagle, 1999, 저자 재구성)

1970년에 오면 미국의 타이타늄 소비의 53%는 제트엔진이, 25%가 항공 구조물, 9%가 우주와 미사일이며 13%가 일반 산업이었다. 이 중 제트엔진과 항공 구조물은 전투기와 여객기를 모두 포함한 것이다. 특히 미국에서도 타이타늄의 내식성에 주목한 화학 산업에서의 수요가 증가하기 시작하였다. 한 예로 1971년 Edison사는 뉴욕주 스태튼 아일랜드Staten Island에 건설된 전력발전소의 컨덴서용으로 총 265km에 달하는 타이타늄 파이프를 구매하였다.[6]

타이타늄이 민간 항공기 시장에 적용되면서 새로운 성장의 계기를 맞았으나 오일 쇼크와 같은 여행 수요에 영향을 미치는 경제 불황기의 여파 때문에 1980년에야 본격적으로 민간 항공 산업의 성장에 혜택을 보게 되었다. 그리고 1990년대 후반이 되면 민간 항공기용 타이타늄 수요는 방산 분야의 수요를 완전히 압도하였다. 항공기의 타이타늄 비중은 1980년대 4~6% 수준에서 1990년대 Boeing 777 기종에 오면 8% 정도로 증가하였다.

1990년대 이후 타이타늄은 좀더 활발히 항공 산업의 범주를 벗어나기 시작한다. 놀랍게도 항공 분야의 타이타늄 주조 기술을 이용하여 타이타늄 골프 클럽이 생산되기 시작했고 골프 산업은 1990년대 중반까지 타이타늄 수요가 가장 빠르게 증가하는 시장이 되었다. 한 예로 1998년에만 미국에서 생산된 타이타늄 골프 클럽만 250만 개에 달했다. 또한 1990년대 이르러 해상 유전과 가스전의 개발에 힘입어 석유, 가스 산업에의 타이타늄 소비도 함께 증가하게 되었다. 염분에 부식되지 않고 해양 생태계에 어떤 악영향도 주지 않고 사실상 유전의 수명이 다할 때까지 교체할 필요가 없다는 점에서 타이타늄은 최적의 소재로 여겨졌다. 1950년대 초반 100% 방산 수요만 존재했던 미국의 타이타늄 시장은 2005년이 되면서 앞의 그래프와 같이 방산과 항공이 약 70%를 차지하고 다른 다양한 산업 수요가 존재하는 형태로 다각화되었다.

오늘날 러시아와 중국을 제외한 서방 세계의 타이타늄 산업별 수요를 살펴보면 민간 항공기 분야가 40%, 방위 산업이 15%, 일반 산업 24%, 에너지 및 발전 분야 8%, 의료 분야 7%로 나타난다. 수십 년간 수요의 다각화를 위한 노력을 거쳤지만 항공 및 방산 분야의 비중이 55%로 절반 이상을 차지하고 있다.[7] 반면 중국의 경우 약 55%가 화학 산업용으로 사용되며, 나머지 수요는 항공 8.4%, 발전 분야 6.6%, 레저 산업 4.8%, 의료 분야 2.1%, 조선 1.5% 등이다.[8] 따라서 항공 산업의 수요에 크게 의존하고 있는 서방 세계 타이타늄 산업과는 달리 중국의 타이타늄 산업은 COVID-19로 인한 수요 감소에 크게 영향을 받지 않았으며, 오히려 염소와 PTA과 같은 화학 제품에 대한 수요 증가와 중국 내 원자력발전소 건설로 인한 타이타늄 수요가 크게 증가하며 성장을 이어가고 있다.[9]

비즈니스 사이클: 불황과 호황의 우울한 반복

타이타늄 산업이 방산 분야에서 다른 민간 분야로 다각화되면서 정부의 국방 정책이나 구매 계획에 의해 전체 산업이 영향을 받는 정도는 감소하였다. 하지만 경기에 민감한 항공 분야에 쓰이기 시작하면서 타이타늄 수요 역시 항공 경기에 영향을 주는 실물 경제의 변동에 어느 정도 영향을 받게 되었다. 그렇다고 하더라도 타이타늄 스펀지와 항공용 중간재의 가격들은 타이타늄 제강 업체와 항공기 제조 업체 간의 장기 계약으로 인해 변동성이 적은 편이다.

그럼에도 불구하고 다음의 1941년에서 2020년 사이의 타이타늄 스펀지의 가격 추세는 타이타늄의 경기에 대한 전체적인 그림을 제시해주고 있다. 물론 타이타늄의 가격은 원천 소재인 잉고트, 빌렛과 판재 등 중간재 등으로 나눠질 수 있겠지만 타이타늄 제품 원가의 기초를 형성하는 타이타늄 스펀지의 가격으로 시장의 동향을 살펴볼 수 있을 것이다. 이는 마치 세계 석유 시장의 동향을 원유 가격에 근거하여 살펴보는 것과 같다 할 것이다. 아래의 가격들은 미국 지질조사국US Geological Survey의 자료에 근거한 것으로 미국 광산국의 데이터, Metals Week나 Americal Metal Market과 같은 금속 전문지에 공개된 가격과 미국의 스펀지 생산자들이 스펀지를 전량 내부 생산용으로 사용하기 시작하는 1999년 이후부터는 일본과 카자흐스탄의 수입산 스펀지 신고가로 구성된 것이다.

1941년부터 2020년까지의 미국 내 스펀지 가격 추이를 보면 1979~1981년, 1987~1990년 정도를 제외하고는 정체기를 보인다. TIMET이 잉고트를 본격적으로 생산하기 시작한 1952년도 이전의 가격은 이제부터의 논의에서는 제외해도 무방할 것이다. 타이타늄 가격이 $6.05/kg로 폭락한 1956년부터 1964년 최저 가격인 $2.9/kg로 하락한 후 다시 $6.01/kg선을 회복하는 1976년까지 거의 20여 년간 스펀지 가격은 하락세를 면할 수 없었다.

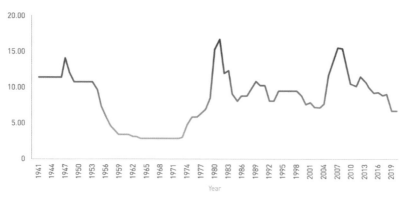

미국 스펀지 가격($/kg)

(출처: US Geological Survey, 저자 구성)

앞에서 다루었듯이 1958년 미사일 위주로의 국방 전략 수정과 1971년 SST 프로그램의 취소는 타이타늄 수요와 가격에 엄청난 충격을 가져왔다. 1971년 미국의 타이타늄 스펀지의 생산은 전년도에 비해 34%, 잉고트의 생산량은 26% 감소하였고, 1971년 말이 되면 TIMET, Oremet, RMI 3개사의 스펀지 공장은 가동을 중단하였다.[10] 엎친 데 덮친 격으로 1978년 미 법무부는 타이타늄 4개 회사에 대해 독점금지법 위반으로 기소하였다. 이 기소는 1981년 같은 혐의에 대해 타이타늄 5개 회사에 대한 민사 소송으로 이어지는 데 대상이 된 업체는 RMI, Timet, Crucible Inc, Lawrence Aviation Industries Inc, Martin Marietta Corporation였다. 미 법무부의 입장은 이들 5개 업체의 임원들이 1970년부터 적어도 1976년의 어느 시점까지 타이타늄 제강 제품에 대한 가격을 고정시키기 위해 가격 정보를 공유하고 담합을 했다는 것이었다. Martin Marietta를 제외한 4개 업체는

총 124만 2,500달러의 벌금을 내는 것으로 법무부와 합의를 하였다.[11]

타이타늄 스펀지 가격을 근거로 볼 때 타이타늄 산업의 역사상 두 번의 슈퍼 호황기가 있었다. 1979~1983년, 2005~2009년이다. 첫 번째인 1980년에는 1979년 $8.76/kg이었던 스펀지 가격이 무려 $15.44/kg으로 80% 가까이 상승하였고, 1981년에는 역사상 최고가인 $16.83/kg까지 상승하였다. 이러한 배경에는 1979년부터 시작된 민간 항공기 산업의 성장이 있기도 했으나 실상은 시장에 타이타늄의 공급이 부족해질 것이라는 예측이 나오면서 타이타늄 소비 기업들이 재고 확보에 나서면서 초래된 것이었다. 타이타늄 가격은 폭등하였으나 곧 이러한 공급 부족과 수요 증가에 대한 예측이 과장되었다는 점이 드러나면서 가격도 급격히 하락하였다. 이 시절의 타이타늄 업체들에게 타이타늄의 침체기와 롤러코스터 같은 가격 변동은 악몽과도 같은 경험이었을 것이다. 1980년 Kobe Steel의 사장이었던 고키치 다카하시Kokichi Takahashi는 다음과 같이 한탄한 바 있다.

> 타이타늄은 베이스 카고* 역할을 해줄 안정적인 수요를 갖고 있지 않다. 때문에 이 산업은 경기 변동에 쉽게, 그리고 많이 영향을 받게 되며, 더욱 최악인 것은 불황은 길고 호황은 짧다는 것이다. 타이타늄 산업의 역사는 역경의 역사이다.
> Titanium did not have a stable demand to serve as base cargo. This made the industry easily and greatly affected by the business fluctuations, and what is worse, slumps were long and booms were short. The history of the industry was the history of hardships.[12]

---

* Base cargo는 선박평형수(ballast water)와 같은 개념으로 선박의 무게 중심을 유지하기 위해 필요한 최소 적재량을 의미한다.

이후 1990년대 냉전의 종식으로 인해 방산 분야의 타이타늄 수요는 감소하였으나 국제 항공 수요의 증가로 민간 항공용 타이타늄 수요는 증가함에 따라 어느 정도 안정된 가격 수준을 유지하였으나 곧이어 1997년 아시아 외환위기로 다시 불황기로 접어들게 된다. 2000년 9·11 테러로 인해 항공 여행 수요가 급감함에 따라 2004년까지 계속 침체되었다.

2005~2009년의 가격 폭등기는 전례없이 미국 국방부와 방산 업계의 우려를 자아내는 수준까지 이르렀다. 2004년 $7.85/kg이었던 스펀지 가격은 2005년 $11.75, 2006년 $13.55/kg, 2007년 $15.71/kg, 2008년 $15.60/kg까지 상승한 후 2009년에야 $12.72/kg로 하락하였다. 스펀지 가격 자체보다 더욱 논란이 되었던 타이타늄 중간재mill product의 가격은 생산자물가지수로 보았을 때, 첫 번째 호황기인 1982년에 대비해서도 약 200% 상승하였다.

타이타늄 업계에서 이러한 가격 급등의 원인으로 몇 가지 요소가 한꺼번에 복합적으로 작용한 점을 들고 있다. 우선 공급 측면에서 2000년대

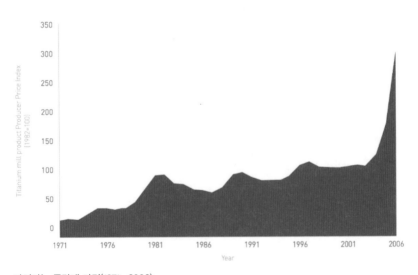

타이타늄 중간재 가격(1971~2006)

(출처: Rand, 2009, 저자 재구성)

초반 민간 항공 분야에서 오랜 불황으로 인해 타이타늄 수요가 감소하였고, 그 여파로 타이타늄 스펀지와 함께 잉고트 원료로 쓰이는 스크랩의 발생도 감소하였다. 더구나 중국이 철강 생산을 확대하면서 철강 제강에 필요한 첨가재인 페로타이타늄의 수요도 함께 증가하면서 타이타늄 스펀지와 스크랩을 엄청난 기세로 소비하였다. 오랜 불황의 여파로 타이타늄 생산 업체들의 설비 투자도 정체되어 있었고, 수요 증가에도 불구하고 신규 투자에 주저할 수밖에 없었다. 게다가 미국이 국가 국방비축프로그램 NDS의 종료를 결정하며, 타이타늄 스펀지 비축량도 2005년경에는 전량 매각되면서 공급 부족에 대응하여 정부가 개입하여 완충재로 사용할 정책 수단도 사라져버렸다.

수요 측면에서 우선 항공 경기가 되살아나면서 Boeing과 Airbus는 2005년과 2006년에 역대 최대의 항공기 수주를 기록하게 된다. 또한 미국이 2003년부터 F22 Raptor랩터의 양산에 돌입하면서 방산 분야에서의 타이타늄 수요도 증가하였다. 이와 동시에 민항기와 전투기 기종 전반에 걸쳐 타이타늄의 비중 역시 증가하면서 한 대당 소요되는 타이타늄 중량도 증가하였다. 무엇보다도 다른 산업 분야에서의 타이타늄 수요도 증가하였다.

일반적으로 타이타늄 가격의 50% 증가는 F22의 경우 전체 가격의 약 1%의 증가 정도를 가져오는 것으로 나타나지만 그럼에도 불구하고 2003~2006년 사이의 타이타늄 가격 폭등은 F22 한 대당 전체 가격의 6% 인상이라는 결과를 초래하였다. 당시 미국의 국방부와 방산 업계에서는 이것이 제2차 세계대전 때 철강 공급 부족 이후 처음으로 세계 원소재 공급 우려가 미국 방산 업계에 영향을 주는 상황이라고까지 표현하였다.[13] 또한 이러한 우려는 F-35의 생산 예산에 어떠한 영향을 줄 것인가에 대한 심각한 우려로까지 이어졌다. 타이타늄의 가격은 2007년부터 업체들이 생산 능력을 중대시키면서 안정화되었다.

가격 변동은 수요와 공급의 상관관계에서 비롯되지만 동시에 향후의 투자에 지대한 영향을 끼친다. 현재 미국은 타이타늄 스펀지는 더 이상 국내에서 생산하고 있지 않지만 타이타늄의 제강 능력에서는 2016년 기준으로 약 연간 13만 6,000톤 규모로 전 세계의 약 31%의 비중을 차지하고 있다.[14] 전체적인 규모면에서 1994년 연간 생산량 6만 1,400톤이었던 잉고트 생산 캐파는 2019년에는 13만 8,000톤으로 증가하였다. 타이타늄 중간재 가격이 상승하기 시작하는 1994년부터 2000년까지 미국의 잉고트 생산 캐파는 6만 1,400톤에서 9만 1,500톤으로 약 50% 증가하였다.

반면 실제 설비의 가동률을 보면 가격 상승과 이로 인한 사후적인 투자와 설비 증설이 가져오는 악순환이 잘 드러난다. 가격이 상승하고 가동률이 80% 가까웠던 1997년 후 1998년 증설된 설비가 가동을 시작함과 동시에 아시아 외환 위기가 닥치면서 수요가 감소하였고 따라서 생산 가동률도 급격히 하락하였다. 공교롭게도 2001년 9·11 테러가 발생하고 미국의 항공 수요가 급감하면서 2002년 미국의 타이타늄 제강 생산 가동률은 26%라는 최저치를 기록한다. 불황이 계속되면서 타이타늄 업체들은 2000년대 중반까지 설비 투자를 하지 않았다. 2003~2004년 수요가 회복되기 시작하면서 다시 생산 가동률이 70%를 기록하고 2008년부터 잉고트 생산 캐파가 8만 8,500톤에서 11만 1,000톤으로 증가하였다. 하지만 2008년 후반 글로벌 재정 위기가 닥치면서 다시 수요가 급감하게 된다. 가격이 상승하기 시작하면 뒤늦게 투자가 이루어지고 설비 증설이 완료되는 시점에서 다시 경기가 침체되고 수요가 하락하면서 가동률이 하락하게 되는 패턴이 반복되는 것이다. 수십 년에 걸쳐 비슷한 경험을 하게 된 타이타늄 업계가 설비 증설과 투자에 대해 보수적인 태도를 갖게 된 원인이라 할 수 있다.

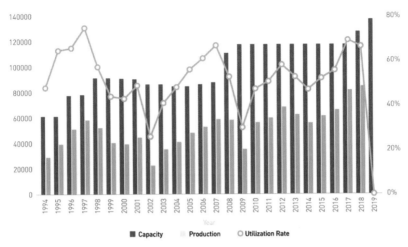

미국 타이타늄 잉고트 생산 캐파, 생산량(ton) & 가동률*

(출처: US Geological Survey, 저자 구성)

소수의 생산국과 중국의 부상

세계 타이타늄 시장의 구조를 살펴보자면 미국, 러시아, 일본 3개 국가가 독점하고 있던 시장에 2000년대 중국이 등장하여 괄목할 만한 변화를 겪게 된다. 스펀지 생산이라는 업스트림 부문에서 이러한 변화는 더욱 두드러진다. 1995년만 하더라도 세계 스펀지 생산 캐파는 미국 22%, 일본 20%, 러시아 26%, 카자흐스탄 26%로 나눠져 있었다. 이때 중국의 스펀지 생산 캐파는 5%에 불과하였다. 그러던 것이 2000년에서 2005년 사이 미국의 국내 생산 캐파가 급격히 감소하면서 미국의 점유율은 8%로 하락한다. 이 사이 일본은 오히려 캐파를 2만 5,800톤에서 3만 7,000톤으로 증설하여 점유율 33%로 올라선다. 이때에도 중국의 세계 생산 캐파의 비중은

* 2019년부터 미국 잉고트 생산량 데이터는 공개되고 있지 않음.

8%에 머물렀다. 중국이 2006년 1만 5,000톤이던 스펀지 생산 캐파를 2007년 4만 5,000톤, 2008년 7만 8,000톤으로 공격적으로 증설하면서 2010년에는 34%의 점유율을 가진 세계 1위 생산국으로 올라서게 되며, 일본은 점유율 25%의 2위가 된다. 2020년 현재 중국의 스펀지 생산 캐파는 15만 8,000톤으로 점유율 46%이며 2위인 일본은 6만 8,800톤으로 20%의 점유율을 갖고 있다. 2000년대 중반 중국의 등장으로 변화된 스펀지 시장의 변화는 결국 미국, 구소련 국가, 일본이 주도하던 세계 타이타늄 시장에 중국이라는 막강한 경쟁자가 등장함으로써 시장 경쟁이 더욱 심화되는 양상을 초래한다.

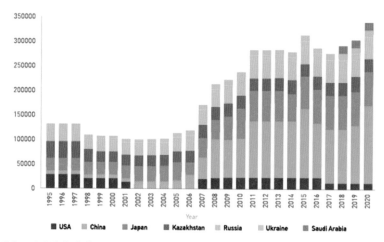

세계 스펀지 생산 캐파(1995~2020, ton)

(출처: US Geological Survey, 저자 구성)

미국의 스펀지 산업의 드라마틱한 쇠퇴 과정은 이 시기 미국 국내 생산 캐파의 변화를 살펴보면 더욱 명확해진다. 일본과 중국에서 공격적으로 캐파를 증설하던 시기인 2006년에서 2020년 사이 미국의 생산 캐파는

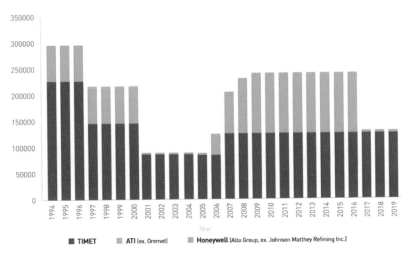

미국 국내 스펀지 생산 캐파(1994~2020, ton)

(출처: US Geological Survey, 저자 구성)

잠깐 증가하였다가 다시 감소하게 되었다. 미국의 2개 스펀지 생산 업체인 TIMET와 ATI의 투자 결정에서 비롯된 것인데 ATI가 야심차게 투자한 신규 스펀지 생산 공장이 경제성의 이유로 영구 가동 중단하게 되면서 TIMET 한 개 업체만 남게 된다. 뒤에서 다루겠지만 TIMET 역시 2021년 네바다 핸더슨 스펀지 공장의 폐쇄를 결정하면서 미국의 국내 스펀지 생산은 중단되었다.

　이처럼 미국의 타이타늄 스펀지의 국내 생산이 지속적으로 감소해온 것에 대해 크게는 두 가지 원인을 찾을 수 있다. 첫째는 미국의 엄격한 환경 규제이다. 스펀지 생산 공정에 사용되는 염소Cl_2, 사염화타이타늄$TiCl_4$, 마그네슘Mg, 이염화마그네슘$MgCl_2$ 등은 모두 미국의 환경법상 규제를 받는 오염물질에 해당한다. 또한 과거에 냉각재, 전열재 등으로 쓰였던 폴리염화바이페닐PCB 역시 1979년 이후로 미국 내 생산이 금지되었다. 2014년 TIMET은 미국 환경청Environment Protection Agency(EPA)으로부터 네바다주 핸더슨에 위치한 스펀지 공장에서 폴리염화바이페닐을 허가 없이 폐기한 것에 대해 약 1,400만 달러의 벌금을 내는 것에 합의하였다. 이 합의금은 2014년 기준으로 1976년 미국유해물질규제법Toxic Substances Control Act이 제정된 이래 단일 사업장에 부과된 최대 금액이었다. TIMET은 또한 오염수를 무단 방류한 것에 대한 25만 달러의 추가 벌금을 부과받았다. 폴리염화바이페닐의 경우 타이타늄 스펀지 제조 과정에서 부산물로 생성되는 것으로 TIMET은 오염 정도에 대한 조사와 오염 물질의 제거 및 정화 등을 위해 600만 달러를 추가적으로 지불한 것으로 알려져 있다.[15] 하지만 거시적인 시점에서 본다면 이는 미국의 스펀지 생산 업계가 생산 설비 확대를 통해 가격 경쟁력을 갖춘 수입산 스펀지에 대한 경쟁력을 상실해가는 과정이라고 하겠다.

잉고트 생산 캐파의 경우에도 미국, 중국, 러시아, 일본 4개국이 전 세계 생산 캐파의 대부분을 차지한다. 2016년 기준으로 전 세계 잉고트 용

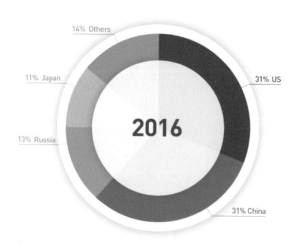

주요국 잉고트 생산 캐파 비중

(출처: titanium.org, 저자 구성)

해 캐파는 45만 톤으로 추정되며, 미국과 중국이 각각 13만 8,000톤, 러시아 6만 톤, 일본 5만 톤의 캐파를 보유한 것으로 알려졌다.[16] 이들 4개국의 생산 캐파는 전 세계 캐파의 86%에 해당한다.

스펀지에서 잉고트 생산으로 연결되는 전체적인 생산 공정의 측면에서 본다면, 현재 세계 타이타늄 시장에서 러시아, 일본 그리고 중국, 이 3개 국가만이 타이타늄 스펀지와 잉고트 용해, 즉 업스트림과 미드스트림을 모두 보유하고 있다. 이러한 시장 구조가 현재의 타이타늄 무역의 패턴과 국가 간 상호 의존성을 형성하게 되었다.

상호의존적 국제 무역구조

2020년 현재 전 세계 타이타늄의 총 수입액은 약 54억 달러, 총 수출액은 약 44억 달러이다. 이 금액은 HS Code 8108로 분류되는 타이타늄 스펀지, 스크랩, 파우더, 중간재 등 금속 타이타늄 전부를 포함한 것이다. 수출액이 수입액보다 적은 이유는 아마도 타이타늄이 내수로 사용되거나 혹은 완제품으로 가공되어 다른 코드로 수출되기 때문이라고 추측할 수 있다. 금액을 기준으로 총 상위 10개 국가를 추려보면 다음과 같다.

타이타늄의 최대 수입국은 독일, 미국, 중국, 프랑스, 영국, 한국 순이며 최대 수출국은 미국, 일본, 독일, 중국, 러시아 순이다. 이들 가운데 순 수출국은 미국, 일본, 러시아 3개국뿐이다. 수입 시장에서 상위 10개국들이 차지하는 비중이 약 72%이며, 이 중 독일과 미국이 각각 13%, 12%를 차지한다.

수출 시장에서는 좀 더 집중된 형태를 보이는데, 상위 10개국은 총 수출액의 86%를 차지하며 이중 미국의 시장 점유율이 31%, 일본, 독일, 중국이 약 10%씩을 차지하고 있다. 다음으로 타이타늄 4대 강국인 미국, 러시아, 일본, 중국의 국제 무역 형태에 대해 살펴보겠다.

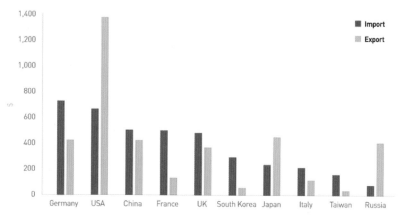

2020년 타이타늄 Top 10 수입국 & 수출국(USD million)

(출처: UN Comtrade, 저자 구성)

미국

비교적 자급자족적인 형태를 갖고 있었던 미국의 타이타늄 산업도 오랜 시간을 걸치면서 수출과 수입 모두에서 대외 의존도가 커지기 시작하였다. 특히 타이타늄 제강의 원소재인 스펀지의 국내 생산이 점차 감소하면서 수입 의존도가 증가하였다. 1993년 2,160톤의 스펀지를 수입하였고 이 중 53%가 러시아산이었다. 러시아산 스펀지는 VSMPO가 Boeing의 소재 공급 계약을 체결하는 1990년대 후반부터 점차 수입량이 감소하였다. 이를 대체하기 시작한 것이 카자흐스탄 스펀지였다. 소련의 붕괴 후 가동이 중단되었던 UKTMP의 스펀지 설비는 1992부터 카자흐스탄 정부의 타이타늄 산업 발전 계획에 따라 재가동되어 100% 수출 시장을 겨냥하게 되었다. 2000년대 미국 수입산 스펀지의 40~50% 점유율을 보이며 일본과 함께 미국의 수입 스펀지 시장을 양분하였다. 하지만 UKTMP가 부가 가치를 높이기 위하여 자체적인 잉고트 생산 사업을 발표하였고 프랑스 Aubert & Duval과의 합작 회사인 UKAD가 보유한 프랑스 공장에서 2011 년 잉고트 생산을 시작하면서 상당 부분의 스펀지가 내부 잉고트 생산용으로 사용되었다.[17] 따라서 수출용 물량이 점차 감소하면서 이 시기를 기점으로 일본산 스펀지에게 시장 점유율에서 역전되었다.

반면 일본 스펀지 생산 업체들은 꾸준히 설비 투자를 감행하며 생산 캐파를 확대한 결실을 맺게 된다. 1993년 338톤이었던 미국향 스펀지 수출량이 2019년 2만 6,600톤으로 증가하며 미국 수입 스펀지의 90%를 점유하게 되었다.

미국이 생산한 중간재wrought material의 수출국은 2001년부터 2020년까지 상당한 변화를 겪었다. 2002년 HS 코드가 세분화되기 전까지 금속 타이타늄의 무역 통계는 타이타늄의 형태와 상관없이 모두 하나의 코드로

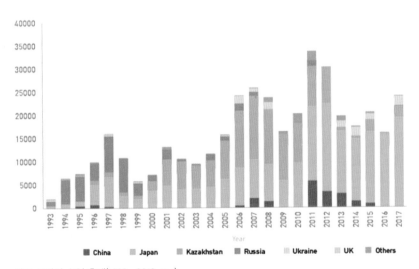

미국 스펀지 수입 추세(1993~2019, ton)

(출처: US Geological Survey, 저자 구성)

통일되어 있었으므로 본 논의에서는 제외시킬 수밖에 없다. 이 중간재는 HS Code 8018.90에 해당하며 타이타늄 잉고트로부터 단조 및 주조 과정을 거쳐 튜브, 판재, 봉재, 단조품 등 성형을 거쳐 만들어진 제품들로 타이타늄 원소재에 비해 훨씬 부가가치가 높은 제품으로 볼 수 있다.

다음의 자료에서 보면 미국의 타이타늄 중간재 수출은 2001년 2억 7,000만 달러에서 2019년 17억 6,000만 달러까지 거의 8배가량 증가하였다. 물론 세계 경기가 침체되었던 2009~2010년에는 7~8억 달러로 감소하였고 COVID-19로 항공 수요가 급감한 2020년에는 12억 달러에 그쳤다. 이러한 예외적인 시기를 제외하고 본다면 지난 20년 동안 미국산 타이타늄 중간재를 필요로 하는 시장이 점차 확대되었음을 알 수 있다.

다음 그래프는 중간재 주요 수출국으로 금액기준 상위 10개 국가들의 비중을 나타낸 것이다. 미국산 타이타늄 중간재가 주로 수출되는 국가들은 대부분이 Boeing이나 Airbus, 혹은 미국 방산 업체의 공급망 안에서

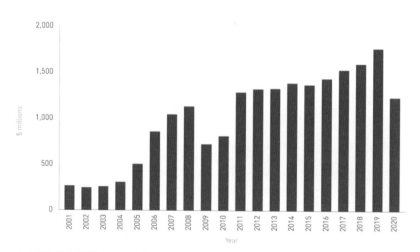

미국 중간재 수출액(2001~2020)

(출처: UN Comtrade, 저자 구성)

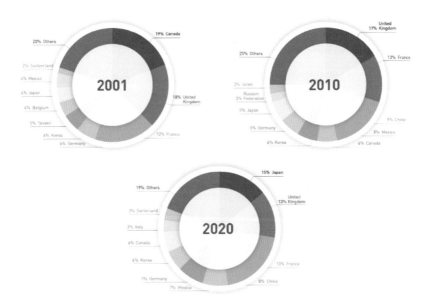

미국 타이타늄 중간재 수출 시장

(출처: UN Comtrade, 저자 구성)

타이타늄 구조재를 가공 생산하거나 조립하는 업체들이 위치한 곳이다. 이들은 국내 타이타늄 제강 산업이 부재하거나, 완제기 업체들이나 방산 업체에 의해 소재 인증을 받은 업체의 제품만을 사용하도록 되어 있으므로 미국 중간재를 수입할 필요가 있다. 2001년 전체 수출액 중 가장 큰 비중을 차지한 캐나다(19%)의 수출액 규모는 2001년 5,100만 달러에서 2017년 1억 3,000만 달러까지 증가하였으나 미국의 전체 중간재 수출이 증가함에 따라 그 비중은 19%에서 6%로 감소하였다. 반면 항공 산업이 발달한 영국과 프랑스 같은 경우에는 그 비중을 비교적 비슷한 수준으로 유지하였다.

　　좀 더 흥미로운 점은 이러한 전체적인 변화가 미국 항공 및 방산 업체의 글로벌 공급망 다변화 정책과 맞물려 있다는 것이다. 2001년 미국의 중간재 생산량에서 수출의 비중은 약 24%에 불과하였으나 이러한 비율을 2017년에는 53%까지 증가한다.[18] 즉, 미국 내에서 생산된 중간재가 미국 내에서 최종 공정까지 거치기보다 글로벌 공급망 안에서 새롭게 등장한 해외 공급 업체로 수출되고, 이들에 의해 최종 제품으로 생산되는 경우가 증가했다고 볼 수 있다. 수출액 1,000만 달러를 상회하는 국가들 역시 2001년 9개 국가에서 2020년에는 19개국으로 증가하였다. 이들 중에는 2000년대 초반부터 괄목할 만한 경제 성장을 이루어내며, 항공 수요가 증가한 중국, 브라질, 인도와 유럽의 제조 베이스로 새롭게 부상한 터키와 스페인 같은 국가들이 포함되어 있다.

미국 타이타늄 중간재 주요 수출국(1,000만 달러 이상)

2001년	2020년 기준 추가 10개국
Canada	China
United Kingdom	Italy
France	Switzerland
Germany	Israel
Rep. of Korea	China, Hong Kong SAR
Other Asia, nes(대만)	Brazil
Belgium	Turkey
Japan	India
Mexico	Spain
	Australia

(출처: UN Comtrade, 저자 구성)

앞의 표에서 언급된 국가들 중 주목할 만한 국가들이 일본과 중국이다. 이것은 중국과 일본에서 민항기 생산을 목표로 하며 항공 산업을 정책적으로 성장시키면서 항공용으로 승인된 타이타늄 중간재의 수요가 증가한 것에서 비롯된 것으로 볼 수 있다. 일본의 경우 2001년 1,100만 달러에 그쳤던 수입액이 최대 수입액을 기록했던 2017년에는 2억 1,700만 달러로 20배 가깝게 증가하여 미국 중간재의 최대 수입국이 되었다. 당해 일본 타이타늄 스펀지의 대미 수출액이 약 1억 7,800만 달러이므로 타이타늄 단일 품목만 본다면 미·일 무역 수지가 거의 비슷한 수준이다. 미국은 90%가 넘는 스펀지 수입을 일본에 의존하고 일본은 중간재 수입의 85% 이상을 미국에 의존하고 있는 것이다. 중량당 가격을 비교해보면 2017년 미국산 중간재는 평균 $87.43/kg으로, 2020년은 평균 $90.99/kg으로 수입 가격 기준 2위였던 중국산 중간재의 평균 가격 $38.30/kg보다 2배 이상 비싸다.

중국의 경우 2020년 기준 미국의 중간재 수출 4위를 기록하였다. 2020년 미국에서 중국으로 수출된 중간재의 평균 가격이 $109.59/kg으로 미국의 전 세계 중간재 수출 평균가인 $77.33/kg을 훨씬 상회하는 것이다. 가격이 높아질수록 최종 제품에 가까워진다는 점을 감안하면 중국으로

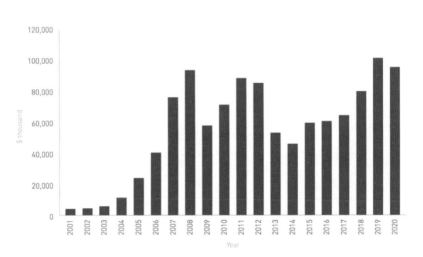

중국향 미국 중간재 수출액(2001~2020)

(출처: UN Comtrade, 저자 구성)

191

수출된 미국 중간재의 대부분이 거의 완제품에 가까운 항공용 단조품이었으리라고 추측해볼 수 있다. 반면 같은 해 미국으로 수출된 중국산 중간재의 경우 평균가격이 $50.09/kg으로 미국산 가격에 비해 훨씬 낮은 수준으로, 항공용이 아닌 일반 산업 용도임을 추측해볼 수 있다. 다음의 그래프에서 볼 수 있듯이 미국산 중간재에 대한 중국의 수요가 지속적으로 증가하고 있음을 알 수 있다.

러시아

러시아의 경우 2002년부터[19] 2020년까지 수출과 수입을 합한 무역 규모가 6배 이상 성장하였다. 미국, 일본과 함께 타이타늄의 순 수출국 중 하나이기도 하다. 제품의 비중을 보자면 수출 측면에서 90% 이상이 중간재로 이루어졌으며 2002년과 2020년의 비교에서 큰 차이는 없어 보인다. 수입 측면에서 보자면 2002년에는 68%가 타이타늄 스펀지였으며 나머지가 중간재였다. 2002년 당시 러시아의 수입 타이타늄 스펀지의 72%가 우크라이나에서 왔으나 2020년에는 수입 스펀지의 68%가 카자흐스탄, 24%가 우크라이나 산이었다. 우크라이나에서 수입하는 스펀지의 중량이 크게 변화가 없는 것으로 보아 러시아에서 수입산 스펀지에 대한 수요 증가의 대부분이 카자흐스탄산으로 충족되었다고 볼 수 있다.

러시아의 주요 수출 시장을 보면 2002년에는 미국(22%), 일본(19%), 대만(12%), 독일(11%), 프랑스(7%)로 상위 5개국이 총 수출액의 71%를 차지하였다. 2020년의 경우 독일(36%), 미국(30%), 중국(8%), 영국(5%), 프랑스(5%) 순으로 일본과 대만의 비중이 줄어 상위 5개국의 구성에 변화가 있었다. 또한 상위 5개국의 비중도 84%로 증가하였다. 이는 세계 최대 타이타늄 회사인 VSMPO의 제강과 단조 능력을 기반으로 한 고부가가치의 제강 제품 수출로 이어졌으며, 이를 통해 러시아가 세계 항공 산업 시장에 성공적으로 진입하였을 뿐 아니라 러시아산 타이타늄 부품에 대한 의존도 역시 증가하고 있음을 시사한다.

수입 & 수출(USD million)　　　　제품별 비중

(출처: UN Comtrade, 저자 구성)

중국

중국은 지난 20년간 무역 규모 면에서 비약적인 성장을 했다. 2002년[20] 수입 5,300만 달러, 수출 2,200만 달러라는 미미한 수준에서, 2020년에는 거의 10배 넘게 성장하여 수입액은 5억 1,100만 달러, 수출액은 4억 2,900만 달러를 기록하였다. 수입과 수출을 합한 전체 무역 금액에서는 미국, 독일에 이어 세 번째로 큰 규모이기도 하다. 제품별 비중으로 보면 2002년 수입의 23%가 타이타늄 스펀지[21]였던 반면에 2020년에는 그 비중이 11%로 감소하였다. 즉, 타이타늄 스펀지의 경우 국내 생산 능력의 증가로 수입 의존도가 감소하였다. 또한 스펀지가 거의 수출되지 않고 있음을 볼 때 국내 생산 스펀지는 거의 전량 국내에서 소비됨을 알 수 있다.

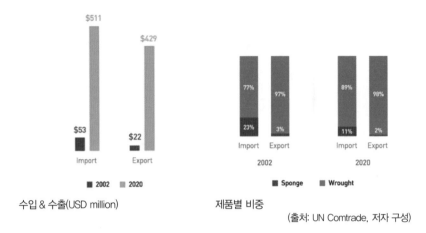

수입 & 수출(USD million)   제품별 비중

(출처: UN Comtrade, 저자 구성)

타이타늄 스펀지의 수입원은 2002년의 경우 카자흐스탄(72%)과 우크라이나(22%)에 거의 전적으로 의존하고 있었으나 2020년이 되면서 카자흐스탄(44%), 일본(22%), 우크라이나(21%)로 일본 스펀지 수입의 비중 증가가 눈에 띈다.

중간재의 경우 2002년을 볼 때, 수입은 일본(37%), 프랑스(14%), 미국(12%), 러시아(11%), 대만(5%) 순으로 이 5개국이 전체 수입의 80%를 차지하고 있었다. 수출의 경우 홍콩(13%), 호주(12%), 미국(11%), 일본(11%), 영국(10%)으로 상위 5개국의 비중은 57%이다. 즉, 수출 시장의 경우 수입 시장보다 훨씬 다변화되어 있었다. 2020년의 경우 중간재 수입은 미국(37%), 일본(17%), 러시아(11%), 독일(9%), 프랑스(6%) 순으로 이들 5개국의 비중은 총 81%에 달한다. 수출 면에서 영국(13%), 미국(13%), 대만(9%), 한국(7%), 독일(6%)이 상위 5개 시장이며, 이들의 비중은 총 49%로 2002년과 같이 특정 국가에 상대적으로 덜 집중되어 있는 양상을 보인다.

한 가지 특이한 점은 2020년 중국 중간재의 수출과 수입 가격(USD/kg)의 격차이다. 다음의 표에서 볼 수 있듯이 중국이 수입해오는 타이타늄 중간재 가격을 비교했을 때 독일산 $493/kg, 프랑스산 $217/kg, 미국산 $184/kg으로 매우 고가이다. 이는 대형 타이타늄 업체가 부재한 프랑스와 독일이 미국과 러시아산 타이타늄 소재를 수입한 후, 후공정을 거쳐 거의 부품화된 형태로 항공 산업과 같은 고급 산업에 공급하는 것으로 볼 수 있다. 대조적으로 일본과 러시아산 중간재는 비교적 저가에 수입됨을 알 수 있다. 반면 중국이 수출하는 중간재의 가격은 $20/kg~$42/kg으로 수입산과 많은 차이를 보였다. 결론적으로 중국은 지난 20년 동안 일반 산업 용도의 타이타늄 중간재 수출 시장으로 괄목할 만한 성장을 보였지만, 타이타늄에서 가장 고부가가치 제품이라 할 수 있는 항공방산용 타이타늄의 경우는 서방 국가들의 수입에 의존하고 있으며, 이는 중국 제품 자체의 품질 문제일 수도 있지만 이들 타이타늄 제품의 최종 수요처들의 소재 인증 여부에 따른 것으로 추측할 수도 있다.

중국의 주요 타이타늄 교역국(2020)

Top 5 수입국	평균수입가격(USD/kg)	Top 5 수출국	평균수출가격(USD/kg)
USA	$184.92	United Kingdom	$35.97
Japan	$29.85	USA	$42.70
Russian Federation	$40.71	Taiwan	$16.66
Germany	$493.41	South Korea	$20.17
France	$217.03	Germany	$24.64

(출처: UN Comtrade, 저자 구성)

일본

일본 타이타늄 산업은 1950년대부터 정부의 적극적인 지원을 받아 빠르게 성장하였다. 다만 미국과는 달리, 수요 기업들이 화학, 전력 등 민간 산업이었다는 점이다. 우주항공 용도 위주로 성장한 미국과는 다른 양상을 보이며, 국내의 생산 능력을 확대하며 일찍이 해외 시장으로 진출하였다.

2003년을 기준으로 일본의 총 무역액은 수입 8,700만 달러, 수출 2억 7,200만 달러를 합친 3억 6,000만 달러였다. 2020년에는 수입 2억 7,200만 달러, 수출 4억 5,400만 달러로 2배 가깝게 성장하였다. 미국, 러시아와 함께 타이타늄 순 수출국이기도 하다.

2003년 당시 일본은 수입의 48%가 스펀지, 50%가 중간재였다. 스펀지의 경우 러시아산(47%)이 주를 이루고, 미국(24%)과 카자흐스탄(24%) 스펀지가 뒤를 이었다. 중간재의 경우 미국산(67%)이 압도적인 비중을 차지하였고 러시아(14%), 중국(7%), 영국(4%), 독일(3%)로 상위 5개 국가의 비중이 94%에 달했다. 수출의 경우, 일본산 스펀지의 73%가 미국으로 수출되었고 다음으로 영국(17%), 독일(2%), 네덜란드(1%), 한국(1%)이었다. 사실상 상위 2개국이 스펀지 수출의 90%를 차지하였다.

2020년에 와서는 수입과 수출 모두 변화된 양상을 보인다. 우선 수입 면에서 타이타늄 스펀지의 비중이 7%로 확연히 감소하였다. 이는 2000년대부터 꾸준히 진행된 생산 능력의 확대로 일본의 스펀지 수입 의존도가 개선되었음을 의미한다. 절대적인 수입량에서도 2003년 5,700여 톤의 스펀지 수입이 2020년에는 677톤으로 감소하였다. 2020년 이 중 16%의 비중을 차지하는 사우디아라비아의 등장이 눈에 띤다. Toho Titanum이 사우디아라비아에서 생산하는 타이타늄 스펀지가 실제 일본 시장으로 수입되어 사용되고 있음을 알 수 있다. 중간재의 수입을 본다면 2020년에도 81%의 중간재를 미국으로부터 수입하고 있으며 다음이 러시아(6%), 중국(4%)이다.

수출 면에서 타이타늄 스펀지의 비중이 41%로 상당히 증가하였다. 중량의 경우에도 2003년 총 스펀지 수출량은 6,092톤에서 2020년 2만 147톤으로 증가했다. 2020년 일본의 수출 스펀지의 평균 가격이 약 $9.2/kg이고 사우디아라비아에서 수입한 평균 가격이 $6.8/kg임을 볼 때 더 고품질의 스펀지는 해외 시장으로 수출하고 저렴한 스펀지를 수입하여 일본 타이타늄 생산 업체들의 이익을 확대시키는 전략을 구사한다고 볼 수 있다. 중간재의 수출에서 상위 5개 시장은 중국(25%), 독일(12%), 스웨덴(10%), 미국(9%), 한국(8%)이다.

2003년에서 2020년까지의 무역 구조를 살펴보면 타이타늄 시장에서의 일본과 미국의 상호 의존성이 더욱 강화되는 사실을 확인할 수 있다. 일본은 미국에 원소재인 스펀지를 공급하며 미국은 일본에 항공 용도의 고가 타이타늄 중간재를 수출하는 것이다. 미국에서 수입된 타이타늄 중간재는 일본에 소재한 Boeing과 같은 미국 항공·방산 업체의 공급 업체들을 통해 항공기나 무기 체계 부품으로 가공되고 결국 다시 미국으로 공급된다. 2020년 일본의 항공기 부품 수출액은 약 30억 달러로 이 중 대미 수출액은 87%인 26억 달러였다.

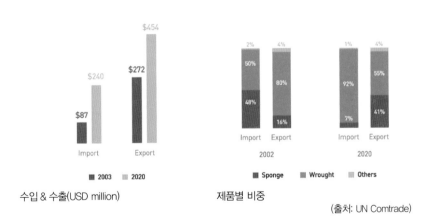

수입 & 수출(USD million)   제품별 비중

(출처: UN Comtrade)

글로벌 공급망: 최후의 승자는 누가 될 것인가?

지금까지 살펴본 내용을 종합적으로 정리하면 다음의 표로 나타낼 수 있다. 한 국가의 타이타늄 산업의 경쟁력이란 결국 생산 공정에서의 수직 일원화와 함께 타이타늄의 수요 측면에서 안정성을 제공해줄 수 있는 방위 산업과 완제기를 제조하는 민간 항공기 시장의 존재 여부에 달려 있다고 할 수 있다.

국가별 타이타늄 밸류체인

	미국	러시아	일본	중국	유럽
스펀지					
잉고트 생산					
대형 단조 프레스					
방위 산업					
민간 항공기 산업					

(빗금: second tier)

우선 수직일원화의 측면에서 타이타늄 잉고트 용해를 넘어서 실제 항공, 방산에 필요한 제품을 성형할 수 있는 대형 단조 공정까지 분석에 포함시킬 수 있다. 미국은 스펀지 생산을 중단함으로써 오직 러시아, 일본, 중국, 이 3개국만이 스펀지 생산에서 잉고트 생산, 대형 단조로 이어지는 통합 공정을 보유하고 있다. 유럽의 경우, 우크라이나와 카자흐스탄에서 스펀지를 생산하고는 있으나 이를 유럽 타이타늄 산업 내의 공급처로 볼 수 있을지는 불확실하며, 용해의 측면에서도 우주항공 산업에 경험을 가진 다른 메이저 타이타늄 업체와의 격차가 존재한다. 따라서 이 부분은 위 표에서 차상급second-tier이라는 의미로 빗금으로 표시되었다. 수요 시장의 측면에서 미국과 유럽은 자체적으로 전투기와 우주로켓 등을 제조하는 방위 산업과 민간 항공기 산업을 보유하고 있다. 러시아, 일본, 중국은 자체적인 방위 산업은 보유하고 있으나 완제기에서는 아직 미국과 유럽의 양강 체계를 흔들 만큼 상용화하는 데는 도달하지 못했다.

이를 기반으로 주요 타이타늄 산업국들 간의 상호 의존성을 짐작해볼 수 있다. 미국은 원소재를 일본과 카자흐스탄과 같은 스펀지 생산국에 의존하는 대신 용해와 성형에서 자국이 보유한 기술적 우위를 이용하여 고부가가치 중간재를 생산하여 자체적으로 소비하는 한편 중국, 일본, 유럽 등 주요 소비국에 공급하고 있다. 일반 산업용 타이타늄 소재의 경우 가격 경쟁력을 갖춘 중국산 타이타늄의 비중이 점차 증가할 수 있음을 알 수 있다.

이러한 상호의존성을 바탕으로 중간재 시장 안에서도 최종 용도와 품목의 형태에 따라 다양한 가격 층위가 나타남을 알 수 있다. 이들은 크게 세 개의 카테고리로 구분되는데, 단순한 형태의 중간재로 일반 산업 용도로 쓰이는 $20~40/kg 정도의 중국산 타이타늄, $40~100/kg 정도의 러시아와 미국에서 생산되어 우주항공 산업 용도로 사용되는 단순한 단조재 형태의 타이타늄 그리고 독일과 프랑스, 미국 등에서 형상 단조와 정밀 가공, 특수 공정 등을 거쳐 최종 부품 상태에 가깝게 생산된 제품들로 $100/kg가 넘는 고가 타이타늄으로 나타난다. 한 국가의 타이타늄 산업의 경쟁력이란 결국 글로벌 공급망 안에서의 정확한 위치를 파악하고 이를 적절한 수요 산업에 연계시킬 수 있는 능력에서 비롯된다고 하겠다.

앞으로의 타이타늄 시장 추세는 생산의 수직일원화를 구축한 국가들이 민항기 시장으로 진출하기 위한 전략과 강력한 수요시장을 바탕으로 스펀지 공급에 대한 리스크를 감소시키려는 미국의 전략이 공존하는 양상이 될 것이다. 덧붙인다면 자체적으로 방위 산업의 자국 생산을 추진하고 있는 인도, 터키 같은 국가들에서 타이타늄과 같은 핵심 소재의 확보 및 자국 내 생산을 위한 정책을 펼칠 가능성이 높으며 실제 그러한 노력 은 진행 중이다.

1 TIMET Form 10-K, 2011.

2 Fior Markets, Sep 2019.

3 https://www.statista.com/statistics/1113683/global-aluminum-market-size/

4 "World Steel in Figures 2019", World Steel Organization.

5 "Titanium: Industrial Base, Price Trends, and Technology Initiatives".

6 "Minerals Yearbook", US Bureau of Mines, 1971.

7 "Titanium Industry Update & Outlook", Chris Olin, International Titanium Associaion 2021.

8 http://www.researchinchina.com/htmls/report/2013/6611.html

9 https://www.mining.com/titanium-price-rising-chinese-sponge-imports-point-to-higher-demand/

10 "Minerals Yearbook", US Bureau of Mines, 1971.

11 US Department of Justice Press Release, December 30, 1981.

12 World Titanium Conference Keynote Speech, 1980.

13 Rand, Op. Cit.

14 Roskill Information Service, 2019 US Department of Commerce 보고서 재인용.

15 "EPA Tabs Timet for Millions in Toxic Substance Violations", May 21, 2014, Forging Magazine.

16 https://titanium.org/news/314739/World-Titanium-Industry-Supply--Demand-Overview.htm

17 UKTMP 홈페이지.

18 US Geological Survey.

19 러시아의 경우, 스펀지, 중간재, 스크랩 등 세분화된 타이타늄 HS code가 2002년부터 존재한다.

20 중국도 러시아와 같이 세분화된 HS code 통계가 2002년부터 존재한다.

21 HS Code 8108.20의 분류를 따른다. 제강이 안 된 타이타늄 스펀지도 포함되어 있지만 스펀지의 코드인 8108.20.0010이 UN Comtrade에서 추출이 되지 않는 한계 때문이다.

보호와 규제

: The Rules of Game

보호와 규제: The Rules of Game

지금까지 타이타늄 산업과 시장에 대해 다루었다. 언뜻 보기에 시장 행위자들인 기업들이 수요 공급과 가격이라는 시장 원칙에 의해 움직이는 듯 보이며 산업 형성 초반에 보였던 정부의 주도적인 역할은 이제는 축소된 것처럼 보인다. 하지만 타이타늄과 같이 우주항공·방위 산업과 같이 국익과 밀접한 관련을 가진 소재들에 대해서, 미국에서는 일찍부터 여러 가지 제도와 법령으로 이들 산업을 규제하고 보호하였다. 시장 행위자들의 행동과 의사결정에 영향을 미치는 일련의 규범과 제도들을 '게임의 룰rules of game'이라고 표현할 수 있는데, 국제정치학이론에서는 이를 국제 레짐interational regime이라는 용어로 정의하였다. 좀 더 구체적으로 행위자들 사이에 명시적으로 혹은 암묵적으로 합의하여 따르는 국제 규범이나 원칙·협의 프로세스를 의미하며, 각국의 정부와 국제기구들이 수년, 혹은 수십 년에 걸쳐 구축해놓은 제도와 정책들에 의해 이러한 룰들이 형성되었다.

에너지를 하나의 사례로 들어보면, 국제적인 차원에서 글로벌에너지시장에는 국제에너지기구IEA와 석유수출국기구OPEC라는 주요 수요자와 공급자들에 의해 탄생한 국제 레짐이 존재하고 있었다. 이제는 그 영향력을 상당 부분 상실하였다 하더라도 OPEC이 생산 쿼터를 통해 공급량을 조절할 수 있다는 시그널을 시장에 보내면, IEA는 회원국들이 보유한 전략비축유의 방출을 통해 공급 부족으로 인한 시장의 충격을 상쇄하여 국가 경제에의 타격을 최소화하는 것을 목표로 한다. 2015년 유엔기후변화협약 당사국총회에서 파리협정을 채택한 이후 이제는 기후변화라는 새로운 국제 레짐이 등장하였고, 이제 에너지소비자와 공급자의 행위는 이러한 탄소 배출 감소라는 새로운 게임의 룰에 의해 영향을 받지 않을 수 없게 되었다.

한 국가 내에서의 에너지 관련 게임의 룰을 살펴보자면, 미국이 자국의 에너지 안보를 위해 1975년 제정한 에너지정책 및 절약법Energy Policy and Conservation Act을 예로 들 수 있다. 이 법령은 미국이 셰일오일과 셰일가스의 생산으로 석유 순 수출국이 되면서 2015년 폐기되기까지 약 40년 동안 미국 내에서 생산된 원유의 수출을 금지하였다. 미국 석유 기업들은 공급 시장이 미국 내로 제한되면서 국제시세보다 낮은 가격에 원유를 공급할 수밖에 없었다. 결국 미국 에너지 시장의 가격 메커니즘을 이해하기 위해서는 단순히 수요와 공급의 관계뿐만 아니라 이러한 시장 요소에 영향을 주는 외부적 요소에 대한 이해가 필수적이다.

마찬가지로 타이타늄 산업과 시장 역시 일정한 게임의 룰에 의해 영향을 받고 있다. 하지만 에너지와 같은 필수불가결한 글로벌 재화의 경우 앞서 언급한 국제 에너지 레짐과 같이 명확한 의도와 역할을 갖고 존재하는 영역이 있는 반면, 타이타늄의 경우에는 이해 당사자에 해당하는 국가의 수가 한정적이며, 시장 규모 역시 제한적이라 '국제 타이타늄 레짐'이라고 부를 만한 명확한 국제 제도나 규범이 존재하지는 않는다. 문제는 한국에서는 타이타늄을 비롯한 주요 소재들을 '상품commodity'으로만 접근해온 측면이 있어, 타이타늄 산업의 직접적인 이해 당사자가 아니라면 이러한 국제 규범이나 제도에 대한 관심이 부족할 수밖에 없거나, 관련된 '게임의 룰'에 대해 단편적인 지식만 갖게 되기가 쉽다는 점이다.

하지만 타이타늄 시장의 행위자의 행동을 규정하고 규제하는 장치들은 분명히 존재하며, 오히려 그 게임의 룰이 쉽게 눈에 띄지도, 포괄적으로 알려지지도 않으므로 해서 신규 시장 진입자에게 하나의 진입 장벽으로 다가오기도 한다. 또한 타이타늄의 전략 물자로서의 속성을 제대로 이해하고 시장에 접근하기 위해서 이러한 규제들에 대해서 전체적이고 통합적인 이해가 필요하다.

지금부터 다룰 내용들은 전략 금속으로서 타이타늄에 관련된 게임의 룰에 대한 것이다. 그리고 그 게임의 룰은 일반 산업용 타이타늄의 경우에도 적용이 되긴 하지만, 거의 대부분의 경우 우주항공이나 방위 산업에 필요한 타이타늄에 해당하는 것이며, 이 룰들은 거의 모두 이 산업의 선두에 위치한 미국에 의해 만들어졌다. 어떠한 룰들이 있는지, 이러한 룰들이 형성되어온 역사에 대한 고찰을 통해 결국 이러한 룰들 역시 정부와 기업 등 이해 당사자들의 복잡한 이해관계 다툼의 산물임을 이해함과 동시에 이들이 어떻게 '보호'와 '규제'라는 속성을 갖고서 미국을 넘어서 세계 타이타늄 시장의 행위자들에 영향을 끼쳤는지를 이해하는 것은 궁극적으로 이러한 룰들에 의한 기회와 리스크를 파악하는 첫걸음이 될 것이다. 미국 이외에도 타이타늄 주요 생산국인 러시아, 일본, 중국 등에서 자국 산업을 보호하고 규제하기 위한 여러 가지 제도가 존재하겠지만 언어적 제한으로 인해 이 책에서는 미국만을 다루게 되었다.

국내산 사용 의무: 국내 산업의 보호

타이타늄 산업의 중요성을 인해 이를 보호하고 그 수요자인 미국 방위 산업을 규제하기 위한 가장 직접적인 규범이 바로 국내산 사용 규정 domestic source restrictions이다. 이것이 타이타늄을 포함한 특수금속specialty metals 산업 전반에 해당되는 가장 대표적인 법규인 베리 수정안Berry Amendment 이다. 미국은 제2차 세계대전 중인 1941년 국방동원법(Fifth Supplemental Defense Appropriations Act)의 일환으로 전시 중 필요한 물자 확보를 위해 국산 제품만을 구매하는 규정을 통과시켰다. 당시 규제 대상은 식료품과 직물 등이었다. 1951년부터 1971년까지 미국 하원의원을 지낸 엘리스 야널 베리Ellis Yarnal Berry의 이름을 따서 부르게 된 이 수정안은 1952년 이후 미국의 국방동원법에 의해 적용되는 원산지 규제와 관련된 모든 조항을 통칭하게 되었다.

특수금속이 베리 수정안에 포함된 것은 1973년 국방동원법(Public Law, 92-570)에 의해서였다. 당시 베트남 전쟁을 수행하며 국내 전시 물자의 생산을 보호할 필요성이 높아지고 있었고, 당시 수입산 특수금속이 미국 내로 대거 유입되며 미국 내 산업 경쟁력이 약화되었다. 따라서 이 법안은 국방부의 특수금속 구매에서 국내 업체들에게 일정량을 보증해주기 위한 의도를 갖고 있었다.[1] 1973년 이후로 미국의 무기 체계에 사용되는 타이타늄을 비롯한 특수금속은 100% 국내산이어야 했다.

베리 수정안은 1973년 법안에서 하나의 각주에 불과했던 조항을 1994년 국방동원법(Section 8005 of Public Law, 103-139)이라는 독립된 정식 법안 입법화시켜 10 U.S.C. 2533a라는 코드를 부여받았다. 이후 2008년 특수금속 관련 조항은 베리 수정안에서 완전히 분리되어 National Defense Authorization Act(Public Law, 110-181)의 한 부분으로 남게 되었다.

베리 수정안에 대한 실질적인 실행 내용들은 국방조달규정세칙Defense Federal Acquisition Regulation Supplement, 주로 DFARS로 불리는 규정들에 결정되며, DFARS에서 베리 수정안에 적용되는 특수금속은 다음과 같다.

- 철강 합금
  - 망간 1.65%, 실리콘 0.6%, 구리 0.6% 이상을 함유한 철강 합금
  - 알루미늄, 크롬, 코발트, 몰리브덴, 니켈, 니오비움, 타이타늄, 텅스텐, 바나디움 중 하나의 원소라도 0.25% 이상을 함유한 철강합금
- 니켈과 철을 제외한 합금성분이 10%를 넘어서는 니켈 혹은 Fe 니켈 기합금(초내열합금)
- 타이타늄 혹은 타이타늄 합금
- 지르코늄 혹은 지르코늄 합금

베리 수정안에 따라 미국 국방부의 계약에 따라 구매되는 제품에 사용되는 특수금속은 미국이나 '퀄리파잉 국가들Qualifying Country'에서 '용해melted'된 것만으로 한정하였다. 퀄리파잉 국가들은 초창기에는 북대서양조약기구NATO의 회원국이 위주였으나 이후 점차 확대되어 현재는 모두 27개국으로 호주, 오스트리아, 벨기에, 캐나다, 체코, 덴마크, 이집트, 에스토니아, 핀란드, 독일, 프랑스, 그리스, 이스라엘, 이태리, 일본, 라트비아, 룩셈부르크 네덜란드, 노르웨이, 폴란드, 포르투갈, 슬로베니아, 스페인, 스웨덴, 스위스, 터키, 영국이다.[2] 이들 국가들은 미국과 상호국방조달협정Reciprocal Defense Procurement Memorandum of Understanding에 합의한 국가들로, 미국의 동맹국들과 우호국들이 상호 간의 국방 계약 시 국내 물자만을 조달하도록 하는 미국 조달법의 적용 없이 자국의 기업들과 차별 없이

참여할 수 있도록 하는 내용을 골자로 담고 있다.[3]

DFARS에 따르면 6개 품목(비행기, 미사일 및 우주 시스템, 선박, 탱크, 무기, 탄약)에 대항되는 경우에는 특수금속으로 제조된 거의 모든 제품(봉, 빌렛, 슬라브, 판재, 박판, 선재)이나 주조 및 단조 제품 등은 모두 미국(혹은 퀄리파잉 국가들)에서 용해된 원소재를 사용하여 제조되어야 한다. DFARS의 적용 대상인 타이타늄과 니켈 합금들의 주요 용도가 거의 이 6개 품목에 해당되다 보니 결국 베리 수정안에 따르면 미 정부 예산으로 구매하는 무기 체계에 사용되는 특수금속 제품은 거의 예외 없이 베리 수정안의 적용을 받는다. 타이타늄을 예를 들어본다면, 미 국방부가 구매하는 무기 체계에 사용된 모든 타이타늄 제품은 미국에서 생산된 잉고트만을 사용하여 제조되어야 한다.

2006년도가 되면서 제정된 지 50년이 넘은 해묵은 베리 수정안을 둘러싼 논란이 일어나게 된다. Boeing보잉이나 Lockheed Martin록히드마틴과 같은 체계 업체에 공급하는 소규모 하청 업체들이 사실상 베리 수정안을 유명무실하게 만들었다는 주장이 제기되었고 미국 국방부는 대규모 실태 조사에 나서게 된다. 베리 수정안에 위반되는 부품non-compliant materials들을 조사하는 동안 국방부는 해당 무기 체계에 대한 대금 지급을 연기하는 등 초강수로 대응하였다. 2006년 월스트리트저널의 기사에 따르면 미 국방부는 1.3달러짜리 스프링의 원산지를 문제 삼아 1만 500달러의 제품에 대한 대금 지불을 유예시켰다.[4]

베리 수정안에 대한 미국 내 찬반 입장은 명확히 갈리게 되었다. 우선 특수금속 생산 회사들은 베리 수정안과 국방동원법의 기본 의도는 특수금속의 생산이 미국의 안보에 필수적이기 때문이고, 관련 산업의 기반을 보호하는 것이며, 오히려 국방부와 체계 업체들이 공급체인의 밑단까지 충분히 살피지 않는다고 지적한다.

> 예를 들어, 타이타늄의 국내 생산을 위한 충분한 능력을 유지하기
> 를 원하는 이들은 전 세계 타이타늄 공급이 부족해지거나 만약 미
> 국이 주요 교역국을 잃을 경우, 이들 회사들이 미국이 이토록 중요
> 한 물자에 대해 전적으로 타국에 의지하게 되지 않도록 보장할 것
> 이라고 주장한다.
>
> Those who advocate for maintaining a robust capability among the
> domestic sources for titanium as an example, argue that these
> companies will ensure that, should a global shortage of titanium
> develop or if the United States loses a key trading partner, the
> United States will not become unduly dependent on another
> country for a critical item.[5]

베리 수정안을 비판하는 이들은 당연히 이러한 특수금속을 주로 사용
하며 국방부와 직접 구매계약을 체결하는 미국 방산 회사들이다. 이들의
주장은 다음과 같다. 첫째, 베리 수정안이 처음 도입되었던 1941년의 상
황을 보면 베리 수정안의 의도는 미국 군인들에게 100% 자국에서 생산된
군복과 식량을 지원하도록 하는 것이었다는 것이다. 특수금속이 베리 수
정안에 포함된 1973년의 상황은 미국이 베트남 전쟁을 수행하던 당시 미
국의 특수금속 업계가 수입산에 밀리고 있었던 반면, 현재 미국의 특수금
속 기업들은 이미 상당한 규모로 성장하여 충분한 경쟁 우위를 누리고
있다는 것이다. 업계의 추산에 따르면 미국의 타이타늄 업체들은 전 세계
방산용 타이타늄 시장의 16%를 차지하고 있지만 미국에서는 방산용 타이
타늄의 99%를 공급하고 있다.[6]

둘째, 미국뿐 아니라 해외에 무기 체계를 수출하는 글로벌 방산 기업의 입장에서는 이미 해외에도 공급망을 갖추고 있는데, 미국 국방부 계약만을 대상으로 하여 자국산 특수금속을 사용하기 위해서는 별도의 공급망을 구축해야 하므로 이는 기업에게 상당한 부담으로 작용한다는 점이다. 특히나 미국산 타이타늄은 해외 타이타늄 가격보다 훨씬 비싸게 형성되어 있다고 지적한다.

마지막으로 정부의 입장에서도 베리 수정안에 대한 기업의 준수 여부를 조사하는 것에 상당한 행정적 비용이 발생한다고 주장하고 있다. 2007년 미 공군 중장인 도널드 J. 호프먼Donald J. Hoffman이 미 하원군사위원회에 출석하여 증언한 바에 따르면, 미국의 AMRAM 미사일 프로그램을 예로 들면, 4,000개에 달하는 부품에 대한 검수와 서류 작성에만 2,200시간의 근무 시간을 투입하였으며, 이것은 56만 6,000달러 제품에 1만 4,000달러 상당의 부품에 대한 베리 수정안 면제서waiver를 발행하기 위함이었다. [7]

Buy American Act vs. Berry Amendment

미국산우선구매법이라고 알려진 BAA는 1933년 미국의 노동 시장을 보호하는 것을 주목적으로 공공사업이나 공공 물품의 구매 시에 광범위하게 적용되며, 미국에서 생산된 재료 및 제조품, 부품 등을 우선적으로 사용하도록 규정한 법이다. 최종 가격에서 미국 내에서 발생한 부가가치가 50%를 넘으면 자국산으로 인정받을 수 있다.

반면 베리 수정안의 경우, 국방부의 구매 계약만을 대상으로 하고 있으며, 미국의 국방력 유지를 위한 산업 기반을 보호하는 것을 주목적으로 하고 있다. 전체 금액에서 국내 생산의 비중이 50%만 넘으면 자국산으로 인정하는 BAA와는 달리 베리 수정안에는 이러한 계산을 인정하지 않으며, 해당 물자 혹은 제품이 전량 100% 국내에서 생산되도록 규제하고 있다.

예를 들면, BAA의 경우 해외 금속 자재를 구매하여 국내에서 후공정을 진행하고, 여기서 발생하는 부가가치가 전체의 50%를 넘으면 국내산으로 인정받을 수 있는 반면, 베리 수정안의 경우 관련 금속이 미국 내에서 용해된 것만을 사용하되, 이후 생산된 소재에 대한 후공정은 해외에서 진행되어도 무방한 것이다. 즉, 특수금속에서 베리 수정안의 핵심은 가치사슬에서 미드스트림에 해당하는 용해 산업에 대한 보호라고 할 수 있으며, 이는 당시 상황에서 후공정에 해당하는 다운스트림의 대부분이 미국 내에서 진행되고 있어 이를 규제할 이유가 현실적으로 부재했기 때문이다.

타이타늄 비축 프로그램: 리스크 관리의 원칙

미국의 전시戰時 비축 프로그램은 제1차 세계대전의 경험에서 비롯되었다. 1922년 육해군군수품위원회Army and Navy Munitions Board는 전쟁 수행을 위해 필요한 군수품의 산업 동원과 구매를 위해 설립되었고 14개의 '전략적strategic' 자재와 15개의 '필수적critical'인 자재를 대상으로 포함시켰다. 전략적 자재의 경우 미국의 국방에 필수적이나 전쟁이 발발할 경우 해외에 전적으로 혹은 대부분을 의존하는 것을 의미했고, 필수적 소재의 경우 전략적 소재에 비해 그 공급이 비교적 덜 어려운 것을 의미했다.

1939년 전략자재법Strategic Materials Act이 제정되면서 국방비축프로그램 National Defense Stockpile(NDS)이 시작되었다. 당시 전쟁 장관과 해군 장관은 비축을 위한 전략적 자재의 구매를 위해 1억 달러의 예산을 부여받았으며 1940년에는 크롬, 망간, 고무, 주석 등이 소량 구매되었다. 하지만 비축 목표를 달성하기도 전에 제2차 세계대전이 발발하였고 미국은 군수품을 생산하기 위해 자국의 탄탄한 산업 기반을 최대한 활용할 수밖에 없었다.

제2차 세계대전 종전 직후인 1946년에 전략물자재고입법Strategic and Critical Materials Stock Piling Act이 제정되었고 1954년부터 타이타늄이 미국의 국방비축프로그램 비축 대상에 포함되었다. 국방비축센터Defense National Stockpile Center는 전시 상황을 가정하여 군수품을 생산하기 위해 필요한 전략 물자와 미국의 국내 생산 능력 등을 감안하여 미 정부의 전시물자의 종류와 비축량을 정하게 되는데, 이 프로그램 역시 시대를 거치면서 여러 번의 변화를 겪게 된다. 예를 들어 1960년대 케네디 행정부는 국방비축 프로그램NDS의 재고가 사실상 필요 비축분에 비해 약 3.4조 달러를 초과한 약 7.7조 달러에 달한다는 사실에 충격을 받고 백악관에 상임비축위원회Executive Stockpile Committee를 설치, 비축 프로그램에 대한 전반적인 축소와 함께 세계 시장에 일시적인 공급 부족이 발생할 경우 정부가 비축분을 방출할 수 있게 하는 변화를 가져왔다. 이에 따라 1969년 세계 2대 니켈 생산 업체가 공급 감소를 겪자 NDS에서 니켈을 방출하였다.

1960년대 후반부터 해외 타이타늄 스펀지가 수입되기 시작하면서 1970년대에 미국은 자국 타이타늄 산업을 보호하고 전시 상황에 필요한 타이타늄의 재고를 확보하기 위해 1972년 독립된 타이타늄 비축 프로그램 Titanium Stockpile Program을 개시하였다. 타이타늄 비축 프로그램은 국방부와 미 의회, 타이타늄 산업계의 광범위한 지지를 받았는데, 이는 이미 1970년대 초반 미국의 타이타늄 스펀지 대외 의존도가 30%를 넘어가며 미국의 스펀지 업체들이 연달아 스펀지 공장을 폐쇄하면서 생긴 위기감에서 비롯되었다. 이 프로그램에 따라 총 3만 3,500톤의 스펀지 비축 목표가 정해지고 이미 미국 정부가 비축한 2만 6,500톤의 스펀지를 제외한 7,000톤의 스펀지 구매 계획이 세워졌다. 구매 대상인 스펀지는 반드시 미국 내에서 생산된 것으로 제한했다. RMI와 TIMET 양사는 각각 3,249톤과 3,250톤의 스펀지 공급 물량을 배정받았으며, 향후 미국 정부가 잉여분으로 설정한 비축량에 대해 공급 가격으로 되살 수 있는 바이백buy back

혜택을 부여받았다. 향후 타이타늄 가격이 급등하면서 양사 모두 이 바이백 옵션에서 상당한 이익을 얻었다고 한다.

타이타늄 비축 프로그램에 따라 미국 타이타늄 산업의 1년치 수요량에 해당하는 물량이 비축되도록 되어 있었는데, 1985년 당시 미국 정부의 타이타늄 비축 목표량은 무려 19만 5,000톤에 달했다.[8] 하지만 1980년대 중반에는 미 정부의 방대한 비축 물자 재고를 개혁하려는 레이건 행정부에 의해 실제 비축 필요량에 대한 재평가가 이루어졌고, 레이건 행정부는 비축물자의 상당 부분이 불필요하다는 결론에 이르렀다. 1991년 냉전이 종식되자 미 의회는 비축 프로그램이 더 이상 필요하지 않다고 결정하여 1997년 비축 물자의 방출을 결정하였고 2003년까지 매년 250톤의 스펀지를 전차 경량화 프로젝트를 위해 육군에 제공하기로 하였다.

1994년부터 미국의 실제 타이타늄 스펀지 비축량이 공개되기 시작하였는데, 미국지질조사국에서 발행된 자료에 따르면 1994년 미국의 타이타늄 스펀지의 비축량은 약 3만 3,400톤이었다. 타이타늄 비축량은 2000~2001년 사이에만 7,700톤이 감소하는 등 매년 큰 폭으로 감소하였고, 2005년에 이르면 모든 타이타늄 비축분은 매각되었다.

하지만 미국에서 비축 프로그램의 중요성 자체가 감소하였다고 보기는 힘들다. 오히려 최근 들어 전략 소재에 대한 국방 비축 프로그램에 대한 중요성이 더욱 부각되고 있다. 이는 거의 모든 자재의 공급망이 글로벌화되어 COVID-19와 같은 비상사태나 지정학적 리스크 등에 의해 타격을 받을 가능성이 높아지거나, 희토류와 같이 특정 국가에 대한 의존성이 증가하면서 이에 대한 대비책이 필요해진 것과 관련이 있다. 예를 들어, 1999년 당시 미국 지질조사국이 정한 100종의 주요 소재 중 해외 의존도가 50%가 넘는 품목은 27종이었던 반면 2013년에는 41종으로 증가하였다.[9] 현재 미국은 국방 비축 프로그램에 의해 약 42종의 원소재를 비축하고 있는 것으로 알려졌다.[10] 타이타늄의 경우 원소재인 스펀지를 비축하지는 않고 있으나 2022년 비축 구매 계획을 보면 항공용 합금aerospace alloys이 포함되어 있어 이 카테고리 안에서 타이타늄 비축이 이루어지는 것으로 추측해볼 수 있다.

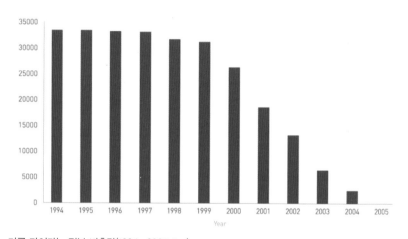

미국 타이타늄 정부 비축량(1994~2005, ton)

(출처: US Geological Survey, 저자 구성)

2021년 바이든 대통령은 국방 비축 프로그램에 대해 다음과 같은 행정 명령을 발표하였다.

> 미국은 자국의 경제적 번영과 국가안보, 국가 경쟁력의 확보를 위해 공급망을 강화하고, 다변화하고 보호해야 한다. … 국방 비축 프로그램을 강화함으로써 연방정부는 재화의 충분한 재고를 확보하고 민간 분야에 모델을 제시함과 동시에, 민간 부문의 재고와 비축분이 정부의 그것도 다름을 인지할 수 있다.

> The United States needs resilient, diverse, and secure supply chains
> to ensure our economic prosperity, national security, and national
> competitiveness. … By strengthening the National Defense Stockpile,
> the Federal Government will both ensure that it is keeping
> adequate quantities of goods on hand and provide a model for the
> private sector, while recognizing that private sector stockpiles and
> reserves can differ from government ones.

이 행정명령에 따라 비축물자의 방출 권한을 가진 국방차관은 비축물
자가 국방 목적의 사용, 제조 혹은 생산에 쓰일 때만 방출할 수 있게 되었
으며 경제적 목적이나 예산상의 이유로 방출하는 것이 금지되었다.[11] 이
는 앞서 언급한, 1960년대 케네디 행정부가 조치한 세계 시장의 공급 차
질로 인한 비축 물자의 방출과 같은 비축 물자의 사용을 사실상 제한한
것이다.

반덤핑 규제: 길고 긴 논란의 끝

미국은 1921년 제정된 반덤핑법Anti-dumping Act을 통해 국내 산업을 보
호하고 있으며 타이타늄 산업도 예외는 아니다. 특히나 타이타늄의 경우
반덤핑법의 제재 대상이 된 국가들이 미국의 안보 정책에서 경쟁국 혹은
적대국에 해당되는 경우가 많았다. 타이타늄에 대한 반덤핑 규제의 양상
과 변화는 국제 관계의 시대적 변화와 미국 국가 안보 전략의 변화를 반
영하고 있다.

수입산 타이타늄 스펀지에 대한 최초의 반덤핑 조사는 소련산을 대상

으로 시행되었으며, 1968년 미국 관세청US Tariff Commission이 "미국의 산업이 소련에서 정당한 가격보다 낮게 수입된 타이타늄 스펀지로 인해 피해를 입고 있다"라고 결정하면서 소련산 스펀지에 대한 반덤핑 관세가 부과되었다. 당시 이와 같은 결정이 내려진 데는 미국 시장에서 그 비중을 높여가고 있는 소련산 스펀지에 대한 경계심에서 비롯되었다. 1968년에 발간된 보고서[12]에 따르면 미국에 수입된 소련산 스펀지는 1959년 약 382톤 규모였으나 이는 1967년 6,260톤으로 급격히 증가하였고 이는 당시 미국이 수입한 스펀지의 약 19%를 차지하는 비중이었다. 소련산 스펀지는 미국산 스펀지에 비해 순도가 높고 더 높은 품질임에도 불구하고 미국산 스펀지 가격인 $1.36/lb에 비해 최대 37센트가량 싼 것으로 나타났다. 소련산 스펀지에 대한 관세 부가 결정은 향후 적어도 6년간 미국 내 타이타늄 스펀지 수요가 2배가량 증가할 것이라고 예상됨에도 불구하고 저가의 수입산 스펀지로 인해 미국 내 스펀지 생산 설비가 가동되지 않거나 생산 설비에 대한 추가 투자가 이루어지지 않고 있는 데서 비롯되었다. 1950년대 수백만 달러의 정부 지원을 받아 스펀지 생산 설비를 갖춘 7개 회사 중 4개가 스펀지 생산에서 손을 떼고 1968년에 이르러 오직 3개사(TIMET, Oremet, Reactive Metals)만이 국내에서 스펀지 생산을 계속하고 있는 현실을 반영하고 있는 것이기도 했다.

공정거래가 이하의 소련산 스펀지가 국내 시장에 존재함으로써 스펀지 가격에 상당한 하방 압력을 주고 있으며, 상당한 수준에서 현재 스펀지 생산 설비의 유휴화와 고용 감소를 초래하며 스펀지 생산 증대 계획을 포기하게 만든다.

[T]he presence of the less-than-fair-value (LTFV), U.S.S.R. sponge

in the domestic market is having a significant depressing effect on
sponge prices, and is to a substantial degree causing the idling of,
and the loss of employment in, sponge-producing facilities, and
the abandonment of plans to increase sponge capacity.

1968년의 반덤핑 조사는 단순한 국내 산업을 보호하려는 차원이 아니
라 소련의 위협에 대한 대항이라는 인식은 당시 관세위원회에 참여했던
위원인 클럽Clubb의 발언에서 잘 나타난다.

> 따라서 반덤핑법에 따라 의회는 덤핑을 무기로 사용하는 외국 기업
> 에 의한 국내 산업의 가능한 붕괴를 막기 위해 노력하는 것이 자명
> 하다.
> It thus seems clear that in the Antidumping Act Congress was
> trying to prevent the possible destruction of domestic industries by
> foreign companies using dumping as a weapon.

> 그들이 두려워하는 것은 손실을 감당할 수 있는 소비에트 연방의
> 능력과 경쟁해야 하는 가격 전쟁이다.
> What they fear is a price war in which they must compete with
> the ability of the Soviet Union to absorb losses.

하지만 1968년의 이 결정에 대해 반대했던 위원장 메츠거Metzeger는 소
련산 스펀지의 거의 대부분이 방위 산업이 아닌 일반 산업용으로 소비되
었으므로 소련산 저가 스펀지는 다른 산업이 성장할 수 있도록 하는 효과
가 있고, 1967년의 국산 스펀지의 과잉 공급은 미국 내 항공 산업의 정체

로 인한 일시적인 현상이라고 지적하기도 하였다.[13]

1984년에는 일본과 영국산 타이타늄 스펀지에 대한 반덤핑 조사가 이루어졌다. 이는 1983년 RMI가 그해 이루어진 국방 비축 프로그램을 위한 타이타늄 스펀지 구매 입찰 결과에 자극을 받아 무역위원회에 제소한 것이다. 1980년 미국 조달청에 해당하는 연방총무처General Service Administration (GSA)가 타이타늄 업계를 지원하고 타이타늄 비축을 위해 4,500톤의 타이타늄 스펀지를 구매하기로 결정하였다. 1983년 GSA는 이를 입찰에 부쳤는데, 입찰 자격에 국내산과 수입산의 구분을 두지 않았다. 그 결과로 4,500톤 중 3,000톤이 일본산, 500톤이 영국산 스펀지가 계약을 수주하였고 미국 내 업체로는 오직 TIMET만이 1,000톤의 계약을 따낸 것이다.

처음 반덤핑 1차 조사에서 일본과 영국산 스펀지에 대해 모두 덤핑 혐의가 인정이 되었으나 최종 결론에서는 영국산에 대해서는 반덤핑 혐의가 없는 것으로, 일본산에 대해서는 반덤핑 행위가 인정되었다. 당시 미국에서 스펀지를 생산하는 업체는 RMI, Oremet, TIMET, International Titanium Inc™, Teledyne Wag Chang Albany의 5개 회사가 존재했는데, 이들이 느끼는 수입산 스펀지의 위협에 대해서는 다음과 같이 나타나 있다.

공정가격 이하(LTFV) 수입이 국내 산업에 실질적 피해를 주는 위협에 해당하는가를 결정해야 함에 있어, 우리는 그러한 위협이 사실이며 임박했으며 그러한 피해가 먼 미래의 언제가 일어날 수 있는 단순한 가능성에 근거하지 않았다고 판단한다. 국내 타이타늄 스펀지 산업에 대한 실질적 피해의 위협 여부를 검증하는 과정에 있어 다른 요소들 중에서 우리는 LTFV 스펀지의 미국 시장 판매 증가율, 미국 시장 점유율의 증가율, 외국 생산자들의 수출 능력, 수입산의 단위당 가격, 다른 수출 시장의 존재를 평가하였다.

In concluding that LTFV imports constitute a threat of material injury to a domestic industry, we determine that the threat is real and imminent, and not based on a mere possibility that injury might occur at some remote date. In examining the question of threat of material injury to the domestic titanium sponge industry, we evaluated the rate of increase of LTFV sales to the US market, the rate of increase in US market penetration of LTFV imports, the capacity of foreign producers to generate exports, the unit value of imports, and the availability of other export markets among other factors.

1968년에 소련산 스펀지에 대한 반덤핑 결정이 소련에 대한 안보적 반감에서 비롯되었다면, 1984년의 결정에는 사실상 일본 타이타늄 산업의 성장에 대한 우려가 반영된 것이다. 1981년 6,800만 파운드(3만 9,844톤)에 달했던 미국의 스펀지 수요는 1982년 3,430만 파운드(1만 5,560톤)과 1983년 3,130만 파운드(1만 4,200톤)으로 거의 절반 수준으로 감소하였다. 미국의 국내 생산 캐파는 6,240만 파운드(2만 8,300톤)으로 1981년 92.4%에 달했던 생산 가동률도 당연히 하락하여 1983년 38.9%에 이르렀다.

미국의 국내 타이타늄 소비가 감소하는 동안 일본산 스펀지의 수입은 증가하기 시작하였다. 당시 전 세계 타이타늄 시장의 불황으로 인해 일본 스펀지 생산 업체들의 가동률 역시 1981년 88.7%에서 1983년 29.3%로 곤두박질치면서 위기감을 느낀 일본 업체들이 공격적으로 미국에 스펀지를 수출하게 되는 배경이 된다. 그 결과로 1984년 상반기 동안 일본산 스펀지는 급격히 수입되기 시작하여 1983년 6.2%에 불과했던 수입산 비중이

1984년 상반기에는 24.4%까지 증가하게 된다.

정부 구매 스펀지 물량의 3분의 2 이상이 일본산으로 결정된 것은 충격적인 결과였으며, 미국 무역위원회는 이를 미국 시장 확대를 위한 일본 타이타늄 업계의 절박하고 공격적인 의도로 받아들였다. 정부 조사에 따르면 입찰에 성공한 일본 스펀지의 구매 가격이 $3.20/lb, 영국산 가격이 $3.37/lb이었던 반면, 미국산 스펀지의 입찰가는 $3.79/lb에서 $6.25/lb에 이른 것으로 나타났다. 또한 영국과 일본의 스펀지 생산 캐파가 자국 내 지는 지역의 스펀지 수요를 훨씬 상회하므로 이들 국가의 업체들이 향후에도 지속적으로 미국으로의 수출을 도모할 것으로 예상하였다. 이에 따라 일본산 스펀지에 34.25%의 반덤핑 관세 부과가 결정되었으나 영국산은 부과 대상에서 제외되었다. Toho Titanium은 1987년 미국 법원에 반덤핑 결정의 철회를 요청하는 소송을 제기하였다. 이에 미 상무부는 Toho Titanium과 Osaka Titanium에게 소명 기회를 부여하였고 Osaka Titanium은 과거 2년 동안 미국에 스펀지를 저가에 수출한 사실이 없는 점을 인정받아 추가 관세에서 제외되었다.

1980년대 일본 스펀지에 대한 반덤핑 판정은 사실상 1980년대 미국과 일본의 무역 전쟁이라는 시대적 배경에서 자유로울 수 없는 것이다. 일본에 대한 막대한 무역 적자가 촉발된 정치적·경제적 우려는 1985년 일본산 컴퓨터, 가전제품, 자동차에 대한 100% 징벌적 관세 부과 등 산업 분야를 막론하고 일본 제품에 대한 광범위한 관세 부과로 이어졌다.

1997년에는 러시아산 스펀지를 취급하는 아일랜드 무역회사인 TMC Trading International과 TMC의 미국 지사가 1968년 반덤핑 결정을 취소해달라는 청원을 제기하였고 이에 따라 1998년 미국의 주요 스펀지 수입국인 일본, 카자흐스탄, 러시아 그리고 우크라이나를 대상으로 한 반덤핑 행위에 대한 조사가 이루어졌다. 소련에 대한 1968년의 반덤핑 결정이 소련 해체 후 1992년 12개의 독립국가연합과 3개의 발틱 국가들에 대한 결정으로 분할되어 유지되었다. TMC는 러시아산 스펀지에 대한 반덤핑 관세에 대한 철폐를 요청하며 그에 대하여 7개의 근거를 제시했다.[14]

① 미국 타이타늄 산업은 1968년도의 초창기에서 벗어나 국제 경쟁력을 갖춘 성숙한 상태임
② 미국 타이타늄의 투자는 스펀지 생산보다는 용해와 후공정에 집중되고 있음
③ 1984년 당시의 최초 제소자인 RMI는 스펀지 생산을 중단함
④ 스펀지에 대한 수요가 방산, 항공 산업에서 민간 항공과 일반 산업 쪽으로 다각화되어 수요 변동성이 감소함
⑤ 타이타늄 스펀지에 대한 수요가 향후 2~3년에서 5년간 강세일 것으로 예상됨
⑥ 러시아산 스펀지의 생산이 감소되는 추세임
⑦ 러시아산 스펀지를 수입하던 특정 무역회사가 제로 덤핑 마진을 기록했다는 1997년 no-dumping 근거 자료가 존재함

무역위원회의 조사에 따르면 전 세계 스펀지 생산 캐파가 1991년 대비 25% 감소하였으며 미국 내 스펀지 생산이 감소하였지만 이것이 타이타늄 산업의 다운스트림에 주는 영향은 미미한 것으로 나타났다. 미국 내 스펀지 생산 업체인 Oremet이나 TIMET은 자신들이 생산한 스펀지를 거의 전량 내부적으로 소비할 뿐 아니라 추가 수요를 감당하기 위해 수입산을 함께 사용하고 있었다. 방산이 아닌 민간 항공용 타이타늄 수요가 증가하

고 타이타늄 스펀지의 장기 공급 계약이 보편적으로 행해짐에 따라 미래 타이타늄 수요를 어느 정도 예측할 수 있게 되는 등 타이타늄 산업의 사업 환경도 변화를 겪고 있었다. 이를 감안하여 무역위원회는 1968년과 1984년에 내려진 반덤핑 결정, 즉 일본, 카자흐스탄, 러시아, 우크라이나산 스펀지에 부과되었던 추가 관세를 취소하는 결정을 내리게 된다.

가장 최근에 이루어진 스펀지 관련 반덤핑 조사는 2017년 TIMET이 제소하여 무역위원회가 당해 10월에 결론을 내린 건이다. 당시 무역위원회는 일본과 카자흐스탄에서 수입되는 타이타늄 스펀지가 덤핑에 해당한다고 볼 합리적인 근거가 없으며, 미국 산업에 대한 피해도 없다는 결론을 내렸으며 반덤핑 조사는 그대로 종결되었다. 특히 무역위원회는 미국산 스펀지와 수입산 스펀지 간의 직접적인 경쟁이 존재하지 않는 점을 근거로 삼았다. 미국의 스펀지 수요 기업들은 무역위원회에서 청원자인 TIMET이 스펀지를 시장에 공급하지도 않으며, 수요 기업들에게 스펀지 판매를 위한 제안을 해온 적도 없다고 증언했다. 이들은 수입산 스펀지는 미국산 스펀지보다 결코 싸지 않으며 스펀지 구매 시의 주요 고려 사항들은 가격뿐 아니라 물량 확보와 공급의 안정성도 포함되어 있다고 주장하였다. 따라서 무역위원회는 "국내 생산자와 일본 및 카자흐스탄산 업체 간에 상업적 판매를 위해 비단 가격 경쟁을 넘어서 실제 경쟁이 존재한다고 말하기는 불가능하다"라는 점을 인정하였다.[15]

그러나 TIMET은 포기하지 않고 2018년 미국 상무부에 무역확장법 Trade Expansion Act의 232조를 근거로 하는 청원서를 제출하였다. 자국 산업과 해외 업체 간의 경쟁의 존재 및 침해 여부를 따지는 반덤핑법과는 달리 232조는 어떤 기관이나 이해 당사자가 상무부 장관에게 특정 상품의 수입이 미국 국가 안보에 끼치는 영향에 대해 조사를 요청("any department, agency head, or any 'interested party' to request that Commerce investigate to ascertain the effect of specific imports on U.S. national security")할 수 있도록 규정하고 있다. TIMET은 이를 근거로 미국의 국익과 국내 타이타늄 산업의 보호를 위해 수입산 스펀지에 추가 관세를 부가해주기를 요청하는 청원서를 제출하였다.

이후 TIMET의 주장에 반대하는 동맹이 결성되었는데, 직접적인 이해 당사자인 일본과 카자흐스탄 스펀지 생산 업체 및 관련 기관(Japan Titanium Society, Osaka Titanium, Toho Titanium, UKTMP)뿐만 아니라, TIMET의 경쟁업체이자 수입 스펀지를 사용하는 미국 타이타늄 제강 업체(ATI, Arconic, Perryman), 타이타늄 제품의 최종 수요처인 Boeing과 미우주항공 산업협회Aerospace Industries Association까지 포함되어 있었다. 이들의 주장은 미국의 타이타늄 스펀지 수입국인 일본과 카자흐스탄은 미국의 동맹국으로서 지정학적으로 안정되어 있으며, 수입산 스펀지의 사용이 미국의 국익을 저해하지 않을 뿐 아니라, 타이타늄 스펀지의 가격 인상은 타이타늄 완제품의 가격 인상으로 귀결되므로 결국 미국 항공 방산 회사들의 비용부담으로 이어질 것이라는 점이었다.

이에 대해 TIMET은 TIMET이 스펀지를 생산하기 위한 원재료를 수입하는 호주와 남아공은 중국, 러시아, 북한에 가까이 위치한 스펀지 수출국인 카자흐스탄이나 일본보다 훨씬 지정학적으로 안정되어 있으며, 미국은 전쟁과 같은 비상사태가 스펀지 공급망을 위협할 가능성을 항상 염두에 두어야 한다고 반박했다("Unfortunately, America's national security cannot depend on the wishful notion that nothing bad will ever happen").[16]

2019년 상무부의 조사에 따르면 미국의 스펀지 수입 의존도는 68%이며 2017년 이후 TIMET만이 유일하게 미국 내에서 스펀지를 생산하고 있으나 수입 스펀지와의 가격 차이로 인해 스펀지 생산에 대한 지속 여부와 향후 노후화된 설비 투자에 대한 불확실성에 직면해 있었다. 특히 이 조사에 따르면 비록 중국산 스펀지는 미국 시장 점유율이 1%에 불과하지만 중국의 급격한 타이타늄 생산 능력 확대가 전 세계 타이타늄 시장의 가격 하락을 초래하고 있으며, 이는 미국 스펀지 생산 업체에 대한 추가적인 부담으로 작용하고 있음을 지적하고 있다. 또한 항공, 방산용 타이타늄 시장에만 특화되어 있는 러시아산 타이타늄과는 달리 중국은 훨씬 광범위한 타이타늄 제품을 생산하고 있어 미국은 필연적으로 저가 중국산 타이타늄의 타깃 시장이 될 가능성에 주목하고 있다. 또한 중국이 현재는 항공·방산용 프리미엄급 타이타늄 스펀지를 생산하고 있지는 않지만 미래에 생산 가능성이 높으며, 러시아와 중국과 같은 비시장non-market 행위자들의 저가 수출 전략에 따라 일본과 카자흐스탄 스펀지를 대체하고 미국의 타이타늄 제강 업체들의 중국 및 러시아산 타이타늄에 대한 의존을 초래할 가능성도 있다고 보고 있다. 이에 따라 상무부는 "현재 타이타늄 스펀지의 수입량과 환경은 우리의 내부 경제를 약화시키고 있으며 232조에서 정의된 국가안보를 저해하고 있다"라고 결론을 내렸다.[17]

국내 타이타늄 스펀지 생산을 보호하기 위한 상무부의 제안은 크게 두 가지였다. 첫째는 국내 업체에 대한 직접적인 인센티브 제공이었다. 국내 생산 가격과 국제 시세 간의 격차를 해소할 수 있도록 보조금을 주거나 국방 비축 프로그램에서 제외된 타이타늄을 스펀지와 잉고트의 형태로 비축하는 프로그램을 다시 재개하는 방안이 제시되었다. 둘째는 다자간 협력이었다. 일본과 같은 시장 행위자와의 다자 협력을 통해 미국 내외에 미국 업체들은 위한 스펀지 재고를 확보하는 등의 내용이 포함되었다.

TIMET의 232조에 근거한 청원은 사실 트럼프 행정부하에서는 크게 놀

랄 만한 일은 아니었다. 이미 트럼프 행정부는 232조에 근거하여 철강과 알루미늄에 대한 각각 25%와 10%의 추가 관세를 결정한 바 있었고, 수입산 자동차 부품과 우라늄에도 232조를 적용하여 조사를 진행한 바 있다.[18] 하지만 스펀지의 수입 의존도가 국가안보를 저해한다는 상무부의 결론에도 불구하고 2020년 트럼프 행정부는 타이타늄 스펀지에 대한 추가 수입 관세 요청을 기각하였다. 이러한 배경에는 철강과 알루미늄에 대한 결정은 2018년에 내려진 반면, 타이타늄 스펀지에 대한 추가 관세 부가는 이미 2020년 2월 당시 유례없는 불황을 겪고 있는 항공기 제조 업체에 대한 부담으로 적용할 것이라는 우려가 반영된 것이다. 또한 철강과 알루미늄에 대한 232조 적용은, 대통령 자신의 지시에 의해 상무부가 조사에 들어간 반면, 타이타늄 스펀지는 TIMET에 의해 제기되었으며 Boeing과 같은 이해 당사자들이 공화당의 정치적 지지층이라는 점도 함께 작용하였다.[19]

하지만 궁극적으로 본다면 이러한 결정에는 미·일 동맹에 대한 전략적 고려가 반영되어 있다고 보아야 할 것이다. 2020년 2월에 공표된 대통령 지침Presidential Memoranda을 보면 이러한 결정에 있어 오랜 동맹국인 일본과의 관계를 고려하여 스펀지의 해외 의존도를 일본과의 외교적 협력으로 풀어가려고 한 의도가 보인다.

> 나는 2018년 수입 타이타늄 스펀지의 94.4%가 일본산이라는 (상무부) 장관의 조사 결과 역시 고려하였다. 미국은 일본과 중요한 안보 관계를 맺고 있으며, 이는 북한의 핵위협을 제거하기 위해 함께 헌신하며, 수십 년 된 군사동맹이자 경제적·전략적 파트너십을 포함하고 있다.

I have also considered the Secretary's finding that 94.4 percent of
titanium sponge imports in 2018 were from Japan. The United
States has an important security relationship with Japan, including
our shared commitment to eliminating the North Korean nuclear
threat; our decades-old military alliance; and our strong economic
and strategic partnership.[20]

이에 2020년 9월 TIMET은 거의 70년 가깝게 가동한 네바다 Handerson
핸더슨의 스펀지 공장의 가동을 중단하였고 이로써 미국은 국내 소비 스펀
지의 100%를 수입에 의존하게 되었다. 이러한 리스크를 관리하기 위해
트럼프 대통령은 국방부 장관과 상무부 장관으로 하여금 타이타늄 스펀
지의 안정적인 수급을 위한 워킹 그룹 구성을 지시하였고, 일본 정부와
타이타늄 스펀지의 수출을 위한 협의에 들어왔다. 이어 TIMET은 일본
Toho Titanium과 스펀지 장기 구매 계약을 체결하였다. 1984년 미국의
경제안보를 위해 반덤핑 제재를 받았던 일본의 타이타늄 스펀지가 40여
년이 지나 이제는 미국의 타이타늄 산업에 있어 핵심적인 역할을 하게
되었다는 점이 역설적이다. 또한 50여 년이 넘는 시간 동안 수입산 타이
타늄 스펀지를 둘러싸고 진행된 반덤핑 논란의 끝이 결국 시장 경쟁력을
상실한 미국 스펀지 생산의 중단이라는 점에서 시사하는 바가 크다.

수출 규제: 국가 안보와 기술 패권을 향한 수단

앞서 언급된 자국산 사용 요건이나 반덤핑 규제는 국내 생산 업체들을
보호하기 위한 장치들인 반면 이제 다루어질 수출 규제export control는 자

국 기업의 해외 판매를 제한하는 것이다. 이러한 수출 규제는 해외 수요 기업이나 국가에게는 해당 품목이나 기술에 대한 접근에의 한계를 의미한다. 2019년 일본이 반도체와 디스플레이 관련 소재와 부품의 수출을 규제하면서 한국 산업계에 상당한 위기감이 조성되었으나 사실 수출 규제 관련 국제 레짐의 시각에서 본다면 이러한 수출 규제의 존재는 결코 새로운 것이 아니다.

현재 무기와 관련된 수출 규제를 목표로 하는 다자간 국제 레짐은 크게 4가지로 나뉜다. 핵 확산 방지를 위한 핵공급 그룹Nuclear Suppliers Group, 생화학무기의 확산을 제한하기 위한 오스트레일리아 그룹Australia Group, 대량살상무기, 즉 미사일의 확산을 방지하기 위한 미사일 기술 통제 체제 Missile Technology Control Regime 그리고 마지막으로 재래식 무기 및 이중 용도 품목을 통제하는 바세나르 체제Wassenaar Arrangement가 있다. 이 가운데에서 타이타늄 제품이 해당되는 것이 바세나르체제이다.

바세나르체제는 1996년 출범한 다자간 전략물자 수출 통제 체제로 무기와 전략물자 및 기술 수출을 통제하는 국제 협약이다. 바세나르체제는 전략물자에 대한 수출 통제뿐만 아니라 비회원국에 대한 전략물자 수출 통제 실적을 회원국 간 상호교환함으로써 전략물자 거래의 투명성 증대를 목표로 한다.

여기서 전략물자strategic materials란 정부가 자국의 국가안보, 외교정책, 국내 수급 관리를 목적으로 수출입과 공급, 소비 등을 통제하기 위하여 특별히 정한 품목 및 기술을 말하며, 한국에서는 대외무역법에 근거하여 '국제평화 및 안전의 유지, 국가안보, 기타 국가의 안전을 위하여 필요한 때에 통상산업부 장관이 별도로 정하고 공고하는 물품'으로 규정하고 있다.[21] 다수의 국가들은 단순히 무기 체계와 같은 방산 물자 외에도 모든 업종의 첨단 물자를 전략물자로 정하여 수출을 통제하고 있다. 이 중에서도 민간 산업용이지만 군사용으로도 사용될 수 있는 품목들을 '이중 용도 dual-use'로 정하여 관리하고 있다. 타이타늄의 경우 일반 산업과 방위 산업에 모두 널리 쓰이고 있어 대표적인 이중 용도 품목에 해당된다.

미국에서 수출 규제의 역사는 훨씬 오래전에 시작되었다. 미국은 냉전 시대인 1976년 제정된 무기수출 규제법Arms Export Control Act(AECA)에 근거한 국제무기거래규정International Traffic in Arms Regulations(ITAR)에 의해 미국의 무기 체계와 무기 관련 기술의 수출을 규제하는데, 해당 품목과 기술은 국무부의 군수품 리스트US Munitions List(USML)에 의해 관리되고 있다. 1976년 본 법안이 제정된 당시, 미국 의회는 미국의 무기 체계 수출 증가와 행정부에 의해 이러한 정보가 투명하게 공개되지 않고 있는 점에 대해 우려하고 있었다. 미 의회는 국제 무기 거래를 감소시키는 것을 목적으로 하며 본 법안에 따라 행정부는 분기별로 100만 달러 규모를 초과하는 정부 대 정부 무기 판매를 위한 의향서와 민간 기업의 무기 체계 수출을 위한 허가에 대해 의회에 보고하도록 되어 있으며 의회는 30일 안에 특정 거래에 대한 거부권을 행사할 수 있도록 하였다. 무기수출 규제법이 제정되자 미국 학계에서는 외국 국적자에 대한 제한 규정 때문에 이에 반발하기도 하였다. 1990년대에 이르러 위성과 장거리 미사일에 대한 규제가 더욱 강화되는 방향으로 수정되었다. ITAR에 의해 모든 무기의 수출과 수입이 금지된 국가prohibited countries들은 벨라루스, 쿠바, 베네수엘라, 북한, 이란, 시리아와 에리트리아이다.[22]

반면 상업적인 용도이거나 이중 용도인 품목의 경우 수출 통제규정 Export Administration Regulations(EAR)의 적용을 받으며, 이는 미 상무부 산하 산업안보국Bureau of Industry and Security(BIS)의 관할 영역에 속한다. 수출 통제규정은 미국이 자국의 첨단 기술이 유출되는 것을 막기 위해 미국산 기술(성분) 등이 10% 이상 적용되는 전략물자를 해당 국가로 수출할 경우 반드시 자국의 승인을 얻도록 하는 규정이다. 수출 통제 규정은 이러한 품목들은 다른 어떤 이유보다도 국가 안보를 위해 수출 통제를 받고 있으며, 즉 대부분의 지역에 수출을 할 때 일반적으로 허가를 받아야 함을 명시하고 있다. ("Many of the products listed above are controlled for export, for among other reasons, national security, meaning that licenses are generally required to export them to most destination.") 이 수출 통제규정에 의해 거래 금지가 된 국가들embargoed countries은 쿠바, 이란, 시리아가 있다.

타이타늄을 비롯한 특수 합금의 경우 이중 용도이므로 EAR의 적용을 받으며, BIS의 상업규제리스트Commerce Control List(CCL)에서 카테고리 0, 1 그리고 2에 속한다. 카테고리 0은 핵무기와 관련된 품목들로 특정한 니켈 파우더 등 핵무기를 제조하는 데 필요한 금속 물질들이 포함되어 있다. 카테고리 1의 경우 특수 합금과 합금 파우더, 또한 특정 합금을 생산하기 위한 장비와 이와 관련된 화학물질 등을 규제하고 있다. 이 카테고리 2안에는 특수 공정에 필요한 소재들에 대한 규제로 역시 타이타늄, 알루미늄, 니켈, 니오비움, 알루미나이드의 40여 개의 합금이 포함되고 있다. 단순히 위의 합금들로 만들어진 제품의 수출만을 규제하는 것이 아니라 특정 금속의 파우더 제조 장비나 항공 구조물이나 항공 엔진의 부품을 제조하기 위한 수퍼플라스틱 포밍superplastic forming이나 디퓨전 본딩diffusion bonding 공정에 필요한 툴, 다이, 치구, 몰드 역시 많은 지역으로의 수출이 규제를 받고 있다. 더 나아가 CCL에 적용 대상인 합금의 제조 레시피 등을 미국 국적이 아닌 이와 공유하는 것 역시 '수출 시도deemed export'로 간주되어 규제의 대상이 된다. 예를 들어, 특정한 니켈 파우더가 CCL의 적용을 받는다면 이러한 생산 기술을 미국 내에서 외국인 방문객에게 공유하는 것조차 규정 위반에 해당하는 것이다.

타이타늄과 관련되어 미국 수출 통제규정을 위반한 사례들을 몇 가지 살펴보면, 1997년 RMI가 프랑스와 이스라엘에 타이타늄 합금 제품을 6차례 허가 없이 수출하여 16만 달러의 벌금을 부과받았다. 마찬가지로 1997년 Allvac이 호주, 프랑스, 중국, 이스라엘, 일본, 스위스 등에 타이타늄 합금 제품을 허가 없이 수출하여 12만 2,500달러의 벌금을 부과받았다.[23] 즉, 수출 대상국이 미국의 동맹국인지의 여부는 상관이 없으며 수출 통제의 대상 품목이 수출 허가 없이 수출이 된다면 처벌의 대상이 되는 것이다.

미국의 타이타늄을 비롯한 특수 합금 제조 업체의 입장에 본다면 수출 규제는 거래를 할 수 있는 대상과 품목에 제약을 받으며, 수출 허가를 받기 위한 행정적 절차를 거치는 과정에서 추가적 비용이 발생하는 결과를 가져온다. 특수 합금의 구매자의 입장에서 본다면 수출 허가를 받기 위한 최종 수요자 서약서를 제출하면서 특수 합금의 용도와 수량 등이 대외적으로 노출되며, 최악의 경우 수출 허가를 받지 못하면 가격과 상관없이 필요한 품목을 구매할 수 없는 결과를 가져오기도 한다. 하지만 이러한 수출 규제는 상호적인 것이므로 세계 거의 모든 국가가, 예를 들어 한국의 경우에는 대외무역법을 통해 국제 조약에서 규제하고 있는 품목들에 대한 해외 수출을 규제하고 있다.

다만 미국의 수출 규제가 단순한 제품을 넘어서 우주항공 산업 관련 부품의 제조를 위한 첨단 기술과 장비까지 포함하면서 해당 산업의 후발주자에 해당하는 국가의 업체들은 상당한 영향을 받을 수 있다. 수출 통제법의 허점을 이용하려고 하는 시도가 많아질수록, 미국이 전략적 중요성을 지닌 첨단 산업을 보호하기 위해 민감한 기술과 제품에 대한 수출 통제 역시 점차 강화될 것이다.

국제 제재: 소재 전쟁의 시작인가?

수출 통제가 법에서 명시된 품목과 수출 대상 국가에 따라 제약을 받으며 수출 허가를 받으면 거래를 할 수 있는 반면, 미국이 가하는 국제 제재International Sanctions의 경우 해당 국가나 기업과의 거래 자체가 금지되는 결과를 가져온다는 점에서 차이가 있다. 2021년 트럼프 행정부는 임기 말, 중국 인민군과의 커넥션을 이유로 대중對中 제재 리스트에 중국상용항공기공사Commercial Aircraft Corporation of China(COMAC)을 추가하였다. 이러한 제재로 인해 COMAC이 겪게 될 가장 큰 리스크는 미국 기업으로부터의 부품 수입이 어려워진 것이다. 중국이 생산하는 ARJ21의 엔진은 미국 Pratt & Whitney프랫앤휘트니사로부터, C919의 엔진은 미국 GE와 프랑스 Safran사의 합작 회사인 CFM으로부터 공급받고 있기 때문이다. 이 외에도 COMAC의 1차 협력 업체에는 Honeywell, B/E Aerospace, Donaldson과 같은 여러 미국 회사들이 포함되어 있다. 2021년 1월 새롭게 취임한 바이든 행정부는 트럼프 행정부의 행정명령을 수정하는 행정명령을 발표하였는데, COMAC은 제재 대상에서 제외되었다. 하지만 바이든 행정부의 제재 대상은 훨씬 더 세분화되어 중국의 항공 업체 다수를 제재 대상에 포함시켰다. 중국의 전투기 생산 국영 기업인 중국항공공업기업Aviation Industry Corporation of China(AVIC)은 그대로 제재 대상에 포함되었고 트럼프 행정부 행정명령에는 포함되어 있지 않던 AVIC의 자회사 5곳과 다른 항공 관련 기업 3곳이 추가로 제재 대상에 포함되었다. 중국이 추구해온 '군 - 민 융합발전전략military-civil fusion development strategy', 즉 민간 기업과 연구기관을 통해 흡수된 기술들을 중국군의 현대화를 위해 사용하는 전략에 대한 분명한 제재의사를 표시한 것이라 볼 수 있다.

이와 함께 중국에서 고순도 타이타늄 스펀지의 구매가 증가하면서 중국내 스펀지 가격의 인상을 가져왔다. 일각에서는 이러한 시장의 움직임이 COVID-19으로 인해 침체된 중국 항공 수요가 회복된 것에서 비롯된 것과 동시에, 중국이 국내 타이타늄 스펀지와 다른 핵심 금속의 부족을 우려하여 비축을 늘린 데서 비롯된 것으로 보고 있다. 한 예로 중국의 국가비축국State Reserve Bureau은 항공과 배터리 산업의 핵심 소재인 코발트의 비축량을 증가시키기로 결정하였다.[24] 핵심 산업의 패권과 우위 확보를 위한 경쟁이 가장 기본적인 소재에서부터 시작된 것이다.

1   "The Specialty Metal Clause in the Berry Amendment: Issue for Congress," Grasso, Valerie, Mar 22, 2007, Congressional Research Service.

2   https://www.acq.osd.mil/dpap/dars/dfars/html/current/252225.htm#252.225-7002

3   https://www.mk.co.kr/opinion/contributors/view/2018/08/525168/

4   "Metals Feud Pits Producers Against The Parts Makers," WSJ, Mar 27, 2006.

5   Grasso, Op. Cit.,

6   Ibid.

7   Op. cit., Grasso, 2007.

8   Minerals Yearbook, 1985, US Bureau of Mining.

9   "Strategic and Critical Materials 2015 Report on Stockpile Requirements", Under Secretary of Defense for Acquisition, Technology and Logistics, 2015.

10 https://sgp.fas.org/crs/natsec/IF11574.pdf

11 https://www.whitehouse.gov/briefing-room/presidential-actions/2021/10/31/executive-order-on-the-designation-to-exercise-authority-over-the-national-defense-stockpile/

12 "Titanium Sponge from the U.S.S.R", 1968, U.S. Tariff Commission.

13 "Titanium Sponge from the U.S.S.R", 1968, U.S. Tariff Commission.

14 "Titanium Sponge From Japan, Kazakhstan, Russia and Ukraine," 1998, US International Trade Commission.

15 "Titanium Sponge from Japan and Kazakhstan", Oct 2017, USITC.

16 "Rebuttal Comments of Titanium Metals Corporation", May 22, 2019, Timet website.

17 "The effect of imports of titanium sponge on the national security", Nov 29, 2019, US Department of Commerce.

18 "US & Multilater Trade Policy Developments", Mar 2019, Japan External Trade Organization

19 "US looks beyond tariffs to secure critical titanium supply", Mar 15, 2020, Reuters.

20 "Memorandum on the Effect of Titanium Sponge Imports on the National Security", Feb 27, 2020, White House.

21 외교부, 외교통상용어사전.

22 https://www.tradecompliance.pitt.edu/embargoed-and-sanctioned-countries

23 "Export Penalty Cases," Massachusetts Institute of Technology.

24 "Signs of demand recovery emerge for aerospace metals," Feb 2021, Argus Media.

제7장

타이타늄
: 혁신을 위한 소재

제7장
타이타늄: 혁신을 위한 소재

Innovation is the market introduction of a technical or organisational novelty, not just its invention. (Joseph Schumpeter)

혁신은 기술적 또는 조직적 참신함을 시장에 도입하는 것으로, 단순히 발명만은 아니다. (조지프 슘페터)

타이타늄이라는 소재가 가진 가능성에 주목한 것은 우주항공 산업이나 방위 산업뿐만이 아니었다. 타이타늄의 단점인 높은 가격과 복잡한 생산 공정에도 불구하고, 많은 분야에서 뜻하지 않은 성과를 보이며 타이타늄이라는 소재가 쓰일 수 있는 한계를 넓혀가고 있다. 이는 누구도 생각하지 못한 분야에서 타이타늄을 적용하여, 일반적인 소재가 주는 보편성을 뛰어넘고 혁신적인 성취를 원하는 이들의 도전이 있었기에 가능하였다. 이 장에서는 타이타늄을 통한 혁신에 대한 몇 가지 사례를 소개하고자 한다.

생체 재료로서의 타이타늄

타이타늄은 알레르기를 유발하지 않고non-allergic, 무독성non-toxic이라 생체 내부에 사용될 수 있는 인체친화적인biocompatible 금속의 대명사이다. 또한 인체의 뼈와 거의 비슷한 비중density을 가졌으며, 탁월한 내부식성을 가지므로 인체의 전해질이나 혈장단백질과 접촉하여도 화학반응을 일으키지 않는다. 비자기성임으로 체내에 삽입되어 있어도 MRI를 비롯한 의료장비의 사용을 저해하지도 않는다. 타이타늄이 이렇게 생체 재료biomaterial의 대명사가 된 계기는 역사의 많은 발견들이 그렇듯, 우연의 소산이었다.

1950년대 초 스웨덴 정형외과 의사였던 브레네막Per-Ingvar Brånemark 박사는 당시 인공관절을 위한 소재를 연구하고 있었고, 룬드대학교Lund University에서 함께 일하던 동료인 한스 엠네우스Hans Emneus 박사는 러시아의 원자력 발전소에서 사용되는 타이타늄을 소개해주었다. 1952년 브레네막 박사는 러시아에서 순수 타이타늄 샘플을 어렵게 구할 수 있었고, 혈액의 순환을 연구하기 위한 타이타늄 관을 토끼의 넓적다리에 이식하였다.[1] 얼마 후 그는 연구가 끝나 이를 제거하려고 했으나 뜻밖에도 이미 타이타늄은 생체 조직과 결합되어 분리가 불가능하였다.[2]

브레네막 박사는 여기서 바로 골조직과 인공 제품이 직접 접촉하고 지속적으로 결합한 상태를 나타내는 '골유착osseointegration'의 개념을 착안해내게 된다. 이를 치과 의학에 적용하기로 한 그는 1965년 최초의 타이타늄 치아 임플란트를 환자에게 이식하였고 1976년 마침내 스웨덴 보건당국의 인정을 받았다. 그의 최초 발견에서 골유착이라는 생소한 개념이 의학계에서 받아들여지기까지 약 20년의 시간이 걸렸으며, 그러한 결과에 이르기까지는 브레네막 박사의 끈질긴 연구가 존재했다. 1981년 그는 스웨덴 화학회사인 Bofors와 생체 재료 회사인 Bofors Nobelpharma(후에

Nobel Biocare)를 공동으로 설립하였고 이는 스웨덴에서 생체 재료 관련 클러스터가 형성되어 세계 시장을 선도하는 계기가 되었다.[3]

1960년대 이후 존 찬리John Charnley 박사에 의해 인공관절을 사용하는 관절 성형술이 발달되면서 타이타늄은 무릎, 골반, 어깨 등 잦은 운동 동작으로 관절 간의 마모가 주로 발생하는 부위의 인공관절, 척추 고정 핀, 뼈 고정판 등의 소재로 널리 사용되고 있다. 인류의 수명이 늘어나면서 인류가 더욱 건강하고 활동적인 삶을 영위하기 위해 필요한, 타이타늄을 비롯한 생체 재료의 중요성은 아무리 강조해도 지나치지 않을 것이다.

프랭크 게리의 건축사적 업적 그리고 타이타늄

20세기가 낳은 걸출한 건축가인 프랭크 게리Frank Gehry는 현대 건축의 거장으로 알려져 있다. 그가 남긴 수많은 역작 중 가장 유명한 건축물 중 하나가 구겐하임 빌바오 미술관Guggenheim Museum Bilbao이다. 쇠락하는 철강도시 빌바오를 부흥시키기 위해 구상된 이 프로젝트는 1991년에서 1997년 동안의 긴 작업을 거쳐 1997년에 개관하였다. 이 건물은 건물의 디자인 방법인 아날로그 방식에서 CATIA라는 3D 설계 소프트웨어로 넘어가는 변화의 시기에 만들어진 것이다. 프랭크 게리는 금속 외관을 디자인하였으나 스테인리스가 태양광 아래서 과도하게 반짝거리는 점과 빌바오의 흐린 날씨에서 우중충하게 보인다는 점에서 다른 소재를 찾고 있었다. 게리의 팀이 우연히 보유하고 있었던 타이타늄 샘플에 매료되어 타이타늄을 외관 소재로 채택하게 되었다. 총 4만 2,875장의 타이타늄 패널이 사용되었고 두께 0.38mm의 이 패널들은 TIMET의 피츠버그 공장에서 생산되었다. 구겐하임 빌바오 미술관이 가지는 옅은 황금색은 타이타늄 표

구겐하임 빌바오 미술관

면에 일정한 화학 처리를 거쳐서 얻어진 것이다.[4] 구겐하임 빌바오 미술관이 개관한 후 연간 100만 명이 넘는 관광객이 방문하는 대성공을 거두었고 20세기 가장 위대한 건축물 중 하나로 남아 있다.

프랑크 게리가 디자인한 또 다른 타이타늄 건축물로는 마르케스 데 리스칼 와이너리 호텔Marqués de Riscal Winery Hotel이 있다. 스페인 최초의 근대적 와이너리라 알려진 마르케스 데 리스칼 와인의 생산지인 리오하에 위치하고 있으며 2006년에 일반에 공개되었다. 이 건물의 지붕은 레드와인과 화이트와인을 연상시키는 핑크와 골드빛 타이타늄으로 만들어졌으며 이 프로젝트에 사용된 1mm 두께의 타이타늄 패널은 Nippon Steel이 공급하였다. 전 세계 와인 애호가들이 반드시 방문하고 싶어 하는 호텔이기도 하다. 과거와 현대의 조화를 원했던 건축주의 바람이 타이타늄이라

마르케스 데 리스칼 와이너리 호텔

(출처: Flickr, Credit to Pere Sebastian)[6]

는 소재를 통해 구현되었으며, 비대칭적이고 비정형적인 디자인 역시 "기존의 건축학적 원칙에 도전하는 새로운 스타일의 시작"[5]으로 평가되고 있다.

타이타늄 드라이버와 비거리를 향한 골퍼들의 열망

세계 최초로 타이타늄 드라이버를 생산한 곳은 1990년 일본 미즈노 Mizuno였다. 클럽 헤드를 타이타늄 주조로 생산하기 위해서 실제 생산은 미국의 항공전문 소재 업체들인 Wyman-Gordon과 Howmet에서 이루어졌다고 한다. 향상된 경량성과 강도로 호평을 받았으나 고가의 가격 때문에 거의 일본 내에서만 소비되었다.[7]

미국에서는 MacGregor에서 1992년 T-920이라는 모델로 타이타늄 드라이버를 생산·판매하였으나 Callaway 같은 메이저 회사들의 스테인리스 드라이버에 밀려 2,500개를 판매하는 데 그쳤다. 1995년 Callaway에서 타이타늄 헤드를 가진 Great Big Bertha를 생산하기 시작했고 소비자 가격으로 500달러가 넘은 최초의 골프채가 되었다. Callaway의 창업자인 일리 캘러웨이Ely Callaway는 타이타늄 드라이버에 대해 "힘들게 스윙하지 않고도 쉽게 비거리를 낼 수 있을 뿐만 아니라 빗맞아도 관용성이 좋은 드라이버"[8]라고 묘사하였다.

Callaway 타이타늄 드라이버는 고가의 가격에도 불구하고 25만 개가 넘는 판매량을 기록하며 1995년 8,200만 달러의 매출을 기록하였고 Callaway는 1997년에는 최대 골프용품 회사로 성장하였다. 1996년에는 경쟁사인 Taylormade가 타이타늄 드라이버 시장에 합류하는 것을 시작으로 거의 모든 골프채 메이커들이 타이타늄 드라이버를 생산하기 시작했다. 타이타늄의 가벼운 무게 때문에 스윙 속도가 빨라지는 확실한 이점 덕분에 타이타늄은 스테인리스를 완전히 대체하게 되었다.[9] 타이타늄의 골프 산업에서의 성장은 타이타늄의 시장 확장을 위해 오랜 시간 노력해온 미국의 타이타늄 업체들과 막 성장하기 시작한 미국의 골프 대중화가 맞물린 결과라고 볼 수 있다.

더 강한 Tesla를 위한 타이타늄 쉴드

2013년 미국에서는 Tesla테슬라의 고급 모델인 Model S에서 두 건의 화재가 발생하였다. 두 번 모두 고속도로 위의 충격으로 인해 리튬-이온 배터리를 감싸고 있는 알루미늄 팩이 손상을 입으면서 열 폭주thermal runaway

현상이 발생한 것에서 비롯되었다. 이에 대한 대응으로 일론 머스크Elon Musk는 배터리 팩을 보호하기 위해 기존의 알루미늄 디플렉터deflector 위에 타이타늄 언더바디 쉴드를 추가로 장착하겠다고 발표하였다.

이 타이타늄 쉴드는 거의 탑승자 좌석 거의 대부분의 하단부를 감싸고 있으며 '항공이나 방위 산업에서나 쓰일 법한'[10] 타이타늄이라는 소재를 선택한 것에 대해 테슬라의 고객들은 호의적인 반응을 보였다. 리튬 - 이온 배터리의 폭발에 대해 소비자들이 갖고 있는 우려를 불식시키기 위해 타이타늄이라는 소재를 가져온 일론 머스크의 영리한 전략이라고 볼 수 있다.

다시 시작되는 초음속 여행의 꿈과 타이타늄 3D 프린팅

2003년 Concord콩코드기의 비행이 중단된 이후 20여 년 동안 민간 초음속 여객기의 시대는 정지된 것으로 보였다. 그러나 2020년 10월 미국의 Boom 사는 세계 최초로 독자적으로 개발된 초음속 비행기인 XB-1을 공개하였다. XB-1은 향후 Boom사가 민간 초음속 여객기로 개발 중인 Overture 모델에 사용될 기술을 증명하기 위한 테스트 기종이다. 이 XB-1에는 타이타늄 랜딩기어 벌크헤드와 3D 프린팅으로 제조한 타이타늄 부품 21개가 포함되어 있다. 타이타늄 랜딩기어 벌크헤드는 TIMET이 생산한 약 10cm 두께의 Ti 6Al-4V 판재를 이용하였다. 3D 프린팅의 경우 현재의 제조 공정으로 구현하기 어려운 형태의 부품들을 3D 프린팅을 이용하여 생산함으로써 "비행기 설계의 혁신에 있어 제조적인 한계를 없애고 있다."[11]

Overture가 상용화되면 현재 약 13시간이 소요되는 LA와 서울 간의 비행시간을 6시간 45분으로 단축시킬 수 있을 것으로 예상된다.[12] 콩코드기를 끝으로 중단되었던 초음속 여행이 다시 멀지 않은 미래에 현실화될 것이다.

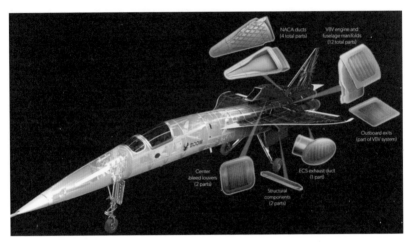

XB-1과 3D 프린팅을 이용한 타이타늄 부품

(출처: assemblymag.com)

1 "A Brief Historical Perspective on Dental Implants, Their Surface Coatings and Treatments," Celestie M. Abraham, 2014.

2 "Titanium: the innovators' metal-Historical case studies tracing titanium process and product innovation", S.J. Oosthuizen, 2011.

3 Ibid.

4 "The Unexpected Low-Tech Solutions that Made the Guggenheim Bilbao Possible", ArchDaily, October 18, 2017.

5 https://www.re-thinkingthefuture.com/case-studies/a4169-hotel-marques-de-riscal-spain-by-frank-gehry-vintage-experiences-through-modern-approach/

6 https://www.flickr.com/photos/luzdearte/25238457433/in/photolist-EseG6P-Di4A2Z-4g8sQ7-4g4sYt-dReFcY-FpB1KH-4g8scq-7JZjYR-5nbM4U-aYjsLZ-2gJDzFj-9mwegW-EJraLx-2gJDz54-DkEmw-2b1ZiK3-ac7AEq-2b6gd1a-MqmhWW-9mwcdL-yR55Fs-aTXVie-9mwopm-iyMkgG-9mwfVN-9mtcvP-9mwn8o-9mwkPf-9mtpAt-4g8uzq-9mwrcj-9mwpTy-9mtaxg-9mtuZM-9mttQ2-9mtfJr-9mwtis-7XcoH5-2gJDzsU-2gJCQMn-27rpt9c-2b1Zfuf-Mkkv46-29ZQHbL-2b1ZeEE-2b1ZnpY-2b1ZjkG-2b1ZpJs-2b1ZkKL-2b1Zi3b

7 http://www.golfclub-technology.com/driver-history.html

8 Op. Cit, S.J. Oosthuizen.

9 "Golf: New Club Alchemy Chages Steel to Titanium", New York Times, Jan. 26, 1996.

10 "Tesla Adds Titanium Underbody Shield and Aluminum Deflector Plates to Model S", Elon Musk, Mar 28, 2014, www.tesla.com.

11 "XB-1 Aircaft Features 21 Titanium 3D-Printed Parts", Oct 26, 2020, www.assemblymag.com.

12 https://boomsupersonic.com/overture

　미국에서 타이타늄 스펀지가 최초로 생산되기 시작한 후 약 70여 년이라는 시간이 흘렀다. 그동안 타이타늄은 military material이라는 초기의 영역을 벗어나 우주항공과 일반 산업에서 필수적인 소재로 자리 잡았다. 지금까지 살펴본 타이타늄 산업의 역사에서 3가지 정도의 시사점을 찾을 수 있다.

　첫째, 타이타늄 산업은 무엇보다도 정부의 필요에 의해 강력한 지원을 받아 성장했다는 점을 분명히 인식하여야 한다. 미국, 러시아, 중국 모두 국가안보와 군사력 우위의 확보라는 목표를 갖고 있었으며, 타이타늄 산업의 중요성 역시 그러한 시각에서 다루어졌다. 이들 국가가 했던 역할 중 가장 중요한 것이 방위 산업이라는 수요 시장을 창출해주었다는 것이다. 안정된 투자와 기술 개발과 일정한 생산량이 담보되기 위해서 자국 내 수요자의 존재는 절대적으로 필요하며 유리하다. 미국이 단기간에 타이타늄에 대한 노하우를 축적한 것에는 사용자인 군과 수요자인 방산 기업들과 생산자인 타이타늄 업체들 간의 정보 공유가 활발했던 것이 주요한 원인이었다. 러시아는 방산 용도의 타이타늄 산업을 발전시켰으나 민간 항공기 시장에서 쇠퇴함으로써 자국 내 타이타늄의 상당 부분이 수출 시장을 겨냥할 수밖에 없게 되었다. 그러한 점에서 중국의 방위 산업과 완제기 시장을 목표로 한 국가 전략은 중국 타이타늄 산업에는 커다란 이점이라고 하겠다. 중국이 단기간에 엄청난 생산 능력을 확대하고도 수출 비중이 적은 것은 그만큼 자국의 타이타늄 내수 시장이 탄탄하다는 방증이라고 할 수 있다.

둘째, 타이타늄 산업은 치열한 경쟁을 통해 오늘날에 이르렀다. 정부의 보호를 받기는 하였으나 방위 산업이라는 안락한 시장에 안주할 수 없었고, 오히려 냉전의 고조, 탈냉전, 9·11 테러와 같은 국제 정세와 이에 따른 국가의 안보 정책에 밀접한 영향을 받았다. 그리고 그 결과는 롤러코스터와 같은 경기 변화와 수익 하락이었다. 수많은 타이타늄 기업들이 장밋빛 전망에 고무되어 시장에 뛰어들었고, 그중 상당 부분이 사라지거나 혹은 인수되면서 소수의 승자들만이 살아남았다. 미국이 1948년 최초로 스펀지 생산에 성공한 국가이면서도 저가의 수입산 스펀지에 의해 경쟁력을 상실하고 결국 국내 스펀지 산업을 잃게 된 것은 결국 타이타늄 역시 하나의 산업이며 생산성과 수익이라고 하는 엄혹한 시장 원칙에 의해 생존이 결정되는 것을 보여준다.

셋째, 앞으로의 세계 타이타늄 시장은 현재 필수 산업 소재 시장에서 볼 수 있듯, 점차 국가 간 경쟁과 갈등이 격화되는 양상을 띠게 될 가능성이 높다. 분명 국가 간 상호 의존성을 지닌 시장 구조를 지녔지만, 미·중, 미·러 간 치열한 패권 경쟁으로 인한 수출 통제와 국제 제재 등 지정학적 리스크의 영향을 받는 불안한 형태를 보일 가능성이 많다. 미국과 일본의 관계를 보면, 미국은 일본에게 필요한 타이타늄 스펀지 공급의 대부분을 의존하고, 일본은 미국에서 중간재를 구매하여 항공 부품으로 조립한 뒤 다시 미국의 완제기 업체들에게 공급하는 상호의존적인 관계를 구축해왔다. 만약 미국이 일본이 아닌 다른 국가에게 스펀지 수입을 의존해야 하는 상황이었다면 TIMET의 232조 청원의 결과가 많이 달라졌을 것이다. 미국과 러시아의 관계에서 VSMPO의 존재는 어쩌면 두 나라 모두 의도하거나 예상하지 않았던, 한 개인의 노력과 천재성이 낳은 우연의 소산이라고 볼 수 있다. Boeing이 VSMPO에 대한 의존성에서 탈피하기에 그 비중이 너무 크며, 러시아가 타이타늄 제품의 수출을 금지하기에는 거의 유일하게 국제적 경쟁력을 지닌 제조 업체가 가진 상징성이 너무 크다고 할 것이다. 하지만 미·러가 대립 관계로 접어들수록 양국 간의 타이타늄 거래 역시 난관이 예상된다. 중국 역시 미국에서의 경제스파이 사건들에서 볼 수 있듯, 항공·방산 용도의 첨단 타이타늄 소재 생산에는 아직 도달하지 못한 것으로 보이며, 중국의 군사적 부상을 견제하는 미국은 항공·방산용 소재와 관련된 수출에 대한 통제를 더욱 강화할 것으로 보인다.

이미 세계 타이타늄 산업은 생산 기술과 공급망 구축에 있어서 성숙기에 도달하였으며, 그 수요와 공급 역시 주요 국가의 거시적인 국방과 산업 정책에 의해 밀접한 영향을 받고 있다. 미국, 러시아, 중국, 일본 주요 4개국과 이들에 원소재를 공급하는 우크라이나와 카자흐스탄에 위치하지 않은 국가에서 타이타늄 산업에 진출하기 위해서는 명확한 용도와 안정적인 수요 산업, 그리고 이를 지탱해줄 정책적 지원을 필요로 한다.

이 책은 타이타늄의 역사와 산업에 대해 주로 다루었지만 마지막은 타이타늄 금속 자체가 가진 가능성에 대한 이야기로 끝맺음을 하고자 한다. 타이타늄은 '신들의 금속'이라는 그 이름에 걸맞게 군사적 영역과 민간 영역 모두에서 혁신에 대한 열망을 가진 이들에게 끊임없는 가능성을 제시해주며, 다른 어떤 금속보다도 주목할 만한 결과물들을 가져다주었다. 타이타늄을 사용하여 미국은 최고로 빠른 전투기를, 소련은 최고로 빠른 잠수함을 만들어냈다. 타이타늄을 통해 브레네막 박사는 더 건강한 인류의 삶을 위한 생체 재료의 길을 제시하였으며, 프랭크 게리는 건축사에 길이 남을 건물을 창조하고 불황으로 쇠락해가던 빌바오시에 활력을 불어넣었다.

타이타늄의 반세기가 넘는 역사를 살펴보고 나서 우리가 얻을 수 있는 교훈이란, 무수한 실패와 치열한 경쟁 속에서도 새로운 기술에 도전하고 창조적 비전을 가진 이들에 의해 타이타늄의 새로운 용도들이 탄생하였고 이와 함께 타이타늄 산업도 발전했다는 것이다. 이러한 소재에 대한 관심과 혁신에 대한 열망이 모든 산업 발전의 전제 조건이 되어야 할 것이다. 이제 우리도 어떤 소재로 어떤 혁신을 꿈꾸며 어떤 미래 산업에 도전해야 할지, 이를 위해 어떠한 산업적 토양을 갖추어야 할지 고민할 시점이다.

참고문헌

- "A Brief Historical Perspective on Dental Implants, Their Surface Coatings and Treatments," Celestie M. Abraham, 2014.
- "A Review of Titanium Casting Development for the F-22 Raptor, Hank Phelps, 2012.
- A Russian phoenix struggles to stay free", Feb 20, 2006, Financial Times.
- "Aerospace and National Security in an era of Globalization", Theodore Morgan, Science and Technology Policy in Interdependent Economies.
- "Aerospace Boom Creates Bright Future for VSMPO-Avisma", DEC 3, 2013, The Moscow Times.
- "After 125 years, Alcoa looks beyond aluminum", Jun 27, 2014, Reuters.
- "Alcoa to Beging Titanium Forging", New York Times, October 23, 1965.
- "Big Forging Plant 'Force for Peace'", New York Times, May 6, 1955.
- "Big Forging Press Needed by Nation", New York Times, July 2, 1967.
- "Boeing looks at pricey titanium in bid to stem 787 losses", Reuters, Ju 24ne, 2015.
- "Boeing, United Technologies Stockpile Titanium Parts," WSJ, Aug 7, 2014.
- Brij Roopchand, "Ballistic Properties of Single-melt Titanium Ti-6Al-4V Alloy", 2006.
- "China's titanium production rises in 2018," April 26, 2019, Argus.
- "Clipped Wings: The American SST Conflict", Mel Horwitch, 1982.
- "Competitive Assessment of the US Forging Industry", U.S. International Trade Commission, 1986.
- Congress. Senate. Committee on Interior and Insular Affairs. Special Subcommittee on Minerals, Materials and Fuels Economics-Google Books.
- "Current Status of Titanium Production, Research and Applications in CIS," 2007.
- Economics of the Committee on Interiod and Insular Affairs, United States Senate, 1954.
- "EPA Tabs Timet for Millions in Toxic Substance Violations", May 21, 2014, Forging Magazine.
- "Forty-One Years with Zirconium", Yoshitsugu Mishima, Journal of Nuclear Science and Technology, 27:3, 285-294.
- "Golf: New Club Alchemy Chages Steel to Titanium", New York Times, Jan. 26, 1996.
- "Introduction to Selection of Titanium Alloys," ASM International, 2000.
- Jon D. Tirpak, "Securing the Supply of Forgings for the Military", 2006.
- "Kremlin grabs control of physicists company," 20 Nov 2006, The Washington Post.

- "Low Cost Titanium-Myth or Reality", Paul C. Turner, 2001.

- May the Armed Forces Be with You: The Relationship Between Science Fiction and the United States Military, Stephen Dedman, 2016.

- "Memorandum on the Effect of Titanium Sponge Imports on the National Security", Feb 27, 2020, White House.

- "Metals Feud Pits Producers Against The Parts Makers," WSJ, Mar 27, 2006.

- "Metals: Fiasco in Titanium?", Time, Sep 16, 1957.

- "Minerals Yearbook", US Bureau of Mines, 1971.

- "National Security Assessment of the US Forging Industry: A Report for the US Department of Defense", 1992.

- "New Titanium Alloy", New York Times, July 16, 1968.

- "Present Status and Future Trends of Research Activities on Titanium Materials in Japan", Nippon Steel Technical Report No. 85, 2002.

- "Production, Research and Application of Titanium in the CIS", I.V. Gorynin, 1999.

- "Rebuttal Comments of Titanium Metals Corporation", May 22, 2019, Timet website.

- "Russia's Alfa-Class: The Titanium Submarine that Stumped NATO", National Interests, 2020.

- "Signs of demand recovery emerge for aerospace metals," Feb 2021, Argus Media.

- Sim, Kyong-Ho, "Status of Titanium Alloy Industry for Aviation in the World and Development Strategy of Chinese Enterprises", 2018.

- "State of Titanium in the USA-the First 50 Years", D. Eylon, 1999.

- "Stockpile and accessibility of strategic and critical materials to the United States in time of war", Hearings before the Special Subcommittee on Minerals, Materials, and Fuel.

- "Strategic and Critical Materials 2015 Report on Stockpile Requirements", Under Secretary of Defense for Acquisition, Technology and Logistics, 2015.

- "Structure and Performance in the Titanium Industry", Francis G. Masson, The Journal of Industrial Economics, Jul., 1955.

- "Tesla Adds Titanium Underbody Shield and Aluminum Deflector Plates to Model S", Elon Musk, Mar 28, 2014.

- The Art of War in the Western World, Archer Jones, 2001.

- "The Aviation Industry Corporation of China (AVIC) and the Research and Development Programme of the J-20", Alexandre Carrico, Janus.net, 2011.

- "The Challenge of Foreign Competition: To the US Jet Transport Manufacturing Industry", The Aerospace Resaerch Center, 1981.

- "The effect of imports of titanium sponge on the national security", Nov 29, 2019, US

Department of Commerce.

- "The History of Metals in America", Carles R. Simcoe, 2018.
- "The quest for stronger, cheaper titanium alloys", Innovation Quarterly, Feb 2018, Boeing.
- "The Titanium Gambit", Joe Sutter, Airspacemag, March 31, 2013.
- "The World Aircraft Industry", Daniel Todd and Jamie Simpson, 1986.
- "Ti application for seawater applications", Robert Houser, 2011.
- "Titanium aria: how billionaire Vyacheslav Bresht traded his business for opera," 러시아판, Forbes, Mar 2, 2015.
- "Titanium Industry in F.R. Germany", Willy Knorr, 1980.
- "Titanium Industry Update & Outlook", Chris Olin, International Titanium Associaion 2021.
- "Titanium Industy in France", Prof. P. Lacombe, 1980.
- "Titanium on Display", New York Times, August 24, 1950.
- "Titanium Sponge from Japan and Kazakhstan", Oct 2017, USITC.
- "Titanium Sponge From Japan, Kazakhstan, Russia and Ukraine," 1998, US International Trade Commission.
- "Titanium Sponge from the U.S.S.R", 1968, U.S. Tariff Commission.
- "Titanium: Past, Present, and Future", National Materials Advisory Board, 1983.
- "Titanium: the innovators' metal-Historical case studies tracing titanium process and product innovation", S.J. Oosthuizen, 2011.
- "Under Pressure: The 10-Story Machine China Hopes Will Boost Its Aviation Industry", WSJ, Dec 3, 2014.
- "US and Chinese Defendants Charged with Economic Espionage and Theft of Trade Secrets in Connection with Conspiracy to Sell Trade Secrets to Chinese Companies", US Department of Justice, Feb 8, 2012.
- "US looks beyond tariffs to secure critical titanium supply", Mar 15, 2020, Reuters.
- "US & Multilater Trade Policy Developments", Mar 2019, Japan External Trade Organization.
- USGS Minerals Yearbook Titanium, 2008.
- "VSMPO stronger than ever", Stainless Steel World, July/August 2001.
- "VSMPO-Avisma and Boeing launch new titanium joint venture in Russia", Sep 20, 2018, Reuters.
- "Why the U.S. Navy Never Built Titanium Submarines Like Russia", Mark Episkopos, Aug 10, 2021, 19fortyfive.com

찾아보기

인명

기타 명칭

저자 소개

안선주 서울대학교 서양사학과(정치학과 복수전공)를 졸업하고 싱가포르국립
대학교 리콴유정책대학원에서 정책학 석사학위를, 미국 컬럼비아대
학교 국제행정대학원(School of International and Public Affairs)에서
행정학 석사학위를 받았다. '국제에너지시장과 정책'을 전공하여 졸
업 후 SK경영경제연구소와 프랑스 파리 경제개발협력기구(OECD) 산
하 국제에너지기구(International Energy Agency)에서 근무하였다. 현
재 타이타늄과 니켈 합금 등 각 산업의 중요 공정에서 주로 사용되는
특수합금의 국산화를 선도해온 ㈜KPCM에서 근무하고 있다.

타이타늄 : 신들의 금속

초판 발행 | 2022년 3월 23일
초판 2쇄 | 2025년 3월 14일

지은이 | 안선주
펴낸이 | 김성배
펴낸곳 | (주)에이퍼브프레스

책임편집 | 최장미
디자인 | 안예슬, 하람
제작 | 김문갑

출판등록 | 제25100-2021-000115호(2021년 9월 3일)
주소 | (04626) 서울특별시 중구 필동로8길 43(예장동 1-151)
전화 | 02-2275-8603(대표) 팩스 | 02-2274-4666
홈페이지 | www.apub.kr

ISBN 979-11-94599-06-7 93530